本书系
山东省本科高等学校教学改革重点项目
（项目编号：C2016Z009）
资助成果

服装人才的培养

王秀芝　著

中国社会科学出版社

图书在版编目（CIP）数据

服装人才的培养／王秀芝著 . —北京：中国社会科学出版社，2019. 12

ISBN 978 - 7 - 5203 - 5588 - 9

Ⅰ.①服…　Ⅱ.①王…　Ⅲ.①服装工业—人才培养—研究—中国

Ⅳ.①TS941

中国版本图书馆 CIP 数据核字（2019）第 239374 号

出 版 人	赵剑英
责任编辑	耿晓明
责任校对	夏慧萍
责任印制	李寡寡

出　　　版	中国社会科学出版社
社　　　址	北京鼓楼西大街甲 158 号
邮　　　编	100720
网　　　址	http://www.csspw.cn
发 行 部	010 - 84083685
门 市 部	010 - 84029450
经　　　销	新华书店及其他书店

印刷装订	北京君升印刷有限公司
版　　　次	2019 年 12 月第 1 版
印　　　次	2019 年 12 月第 1 次印刷

开　　　本	710×1000　1/16
印　　　张	14
插　　　页	10
字　　　数	251 千字
定　　　价	78.00 元

凡购买中国社会科学出版社图书，如有质量问题请与本社营销中心联系调换

电话：010 - 84083683

妍和百褶

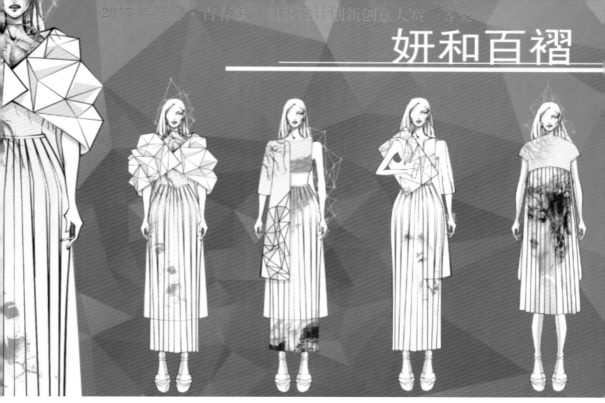

作品灵感来源于建筑几何立体，通过褶皱和各种几何组合，体现了建筑的立体厚重感，而轻薄纱印花中有年轮的影子，几何立体感的外观风格体现了人们对超现实的追忆，运用分解、重叠、综合、交错的方式来反映潜意识的过程。

妍和百褶（设计者：贺文玲）

以牛仔布为主要原料，打造狂野又性感的俏皮女性形象。

无界（设计者：陈家强）

寻找未来（设计者：管瑱）

以彩色布料的编织创造出的冲击力，给大家带来
无限未来。

简单纯净的白色，仿佛是远古时期冰川之上的茫
茫白雪，明亮干净、朴素雅致，又象征我们纯真
的初心，融合新奇的款式造型。

碧川时空（设计者：武灵芳）

暗之光（设计者：陆旭）

在黑暗中绽放，亦如黎明的花朵。在一元不变的原始中出现了与之不同的元素，黑暗中的一丝光明不仅打破了这个局面，还带来了美好希望。

运用精密复杂的电路图体现未来科技的发展，简单舒适的黑白灰色调使衣服更具有深度感。利用太空棉、镭射纱和人造皮革等一些科技感十足的面料来解读未来主义服装的发展。

未来派（设计者：高佳琪）

小丑面具（设计者：王晓园）

小丑大多数处于压抑的状态，不能释放自己。此作品展现一种人们迫于压力而无奈迎合别人的情感，黑色与白色的碰撞暗示现在大部分人对于感情的表达是单调和虚伪的。

黑与白永远是时尚界的经典搭配，黑白对碰带来无限的魅力。

墨溯然（设计者：崔立鑫）

飞鸟与鱼（设计者：李诗睿）

第十届中国高校纺织品设计大赛纤维艺术与材料再造设计组一等奖

拼布包的主题来源于一首经典的诗——《飞鸟与鱼》：飞鸟和鱼相爱却不能相守。拼布包正面和背面分别以飞鸟和鱼在白日和黑夜为背景。白日代表现实，它们不能相互靠近；黑夜则代表梦幻与理想，一切都可能发生，它们相爱相守的愿望也可以实现。

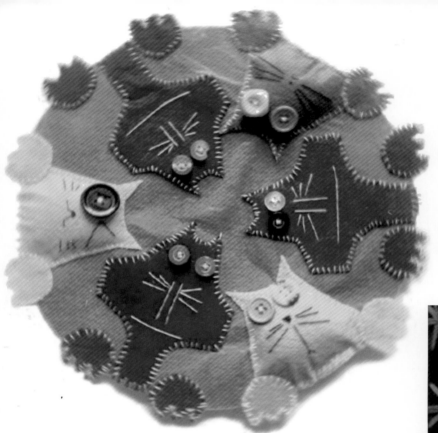

表情"喵"（设计者：刘雪萍）

第十届中国高校纺织品设计大赛
纤维艺术与材料再造设计组一等奖

　　人们在各种聊天软件中常用的关于猫的表情包。材料取材于简单、方便、环保的不织布。根据卡通形象"喵"的可爱轮廓，填充棉花，从而形成可爱、时尚的肌理，再加上各色的纽扣，使整个布料上的小猫咪显得活灵活现、充满生机，更加吸引人的眼球，给人以拥有幸福童年的感受。

第十届中国高校纺织品设计大赛纤维艺术与材料再造设计组一等奖

蘑菇丰富、巧妙而和谐的色彩转而通过各式纤维
材料来表现出其独特视觉感受。

缤纷世界（设计者：何智丹）

第十届中国高校纺织品设计大赛纤维艺术与材料再造设计组一等奖

作品运用天然植物染色为底色，将纤维、纱线及面料巧妙运用。生动逼真地呈现出树木桩年轮及树枝、棉纤维增添作品效果、各种材质的纱线提高了作品真实立体的质感，使用面料剪出生动形象的动物形态特征、搭配天然原生态植物点缀。

生命与地球（设计者：杨光玉）

第十届中国高校纺织品设计大赛纤维艺术与材料再造设计组一等奖

小丑的职责是逗人笑，可是谁又知道小丑带上了微笑的面具没有人知道他内心的苦楚，与扑克牌中的 JOKER 结合创造一个独特另类的图案，"我面带微笑只为掩饰内心的悲伤"。

戏谑（设计者：杨玲）

嬉皮士的颜料箱（设计者：陈家强）

第十届中国高校纺织品设计大赛大提花及数码印花织物花形组一等奖

这个图案以嬉皮士精神为灵感来源，肆意泼洒的油墨，浸染晕开的色觉感受，
与规则的图形晕染交融，是充满梦想又蔑视世俗的那一代人。

第十届中国高校纺织品设计大赛大提花及数码印花织物花形组一等奖

此作品图案的设计灵感来源于大自然所产生的自然风光，丰富的自然肌理栩栩如生与黑白条纹相结合，形成空间感，加以变形扭曲形成丰富的花纹体现了大自然的变幻莫测，呼吁大家保护好我们的自然风光。

幻影（设计者：宫子茗）

春之海裳（设计者：高金戈）

第十届中国高校纺织品设计大赛大提花及数码印花织物花形组一等奖

本图案以海中月眉蝶、水母为设计灵感来源，融
入了被誉为"百花之王"的牡丹花。将海中动物
的动态美与植物的静态美相结合，相互映衬，相
互交融，给人一种动静结合的美感。

第九届中国高校纺织品设计大赛大提花及数码印花织物花形组一等奖

该作品灵感来自于生活中常见的纸牌和《爱丽丝梦游仙境》中红皇后所领导的纸牌兵团,线条上更加细腻流畅,色彩上更加清新自然,整体给人一种耳目一新的感觉。

Alicequeen(设计者:吴冰婕)

云想衣裳（设计者：徐颖）

第九届中国高校纺织品设计大赛大提花及数码印花织物花形组一等奖

以各种形状的热带植物之美和火烈鸟融入其中，体现了原始森林里浓浓的热带风情。多元的绿色调令色盘更加深邃与丰富。鲜亮的冷暖色调碰撞出青春的气息。

第九届中国高校纺织品设计大赛大提花及数码印花织物花形组一等奖

灵感来源于迷彩服、蝴蝶和花卉，采用现代元素，
借鉴装饰画的特点风格进行制图。

蝴蝶梦（设计者：赵艳艳）

生如夏花（设计者：唐琪琪）

第八届中国高校纺织品设计大赛大提花及数码印花织物花形组一等奖

以自然界中的花朵为主题设计，展现了繁花似锦的自然之美，花卉图案色彩
鲜艳，形态万千，通过整洁、秩序感强的图案排列，以自然植物花瓣配以绿
叶独特的色彩符号，张扬着年轻人的个性与时尚，激发蓬勃朝气。

序

"新时代高教 40 条"指出,人才培养是本,本科教育是根。建设高等教育强国必须坚持"以本为本",加快建设高水平本科教育,培养大批有理想、有本领、有担当的高素质专门人才,为全面建成小康社会、基本实现社会主义现代化、建成社会主义现代化强国提供强大的人才支撑和智力支持。

"改革发展、教育先行",中国的工程教育必须抓住新产业发展和新技术创新的机遇,兼顾工程领域近期与远期的发展需求,大力推动人才培养模式改革,从而推动国家和区域人力资本结构升级,助力经济模式由传统经济向新经济转变。新一轮产业革命为工程发展带来了良好的机遇,随着新经济时代与世界经济发展的历史性碰撞,以及中国工程领域日新月异的发展现状,世界高等工程教育站在了寻求发展转型的重要历史节点。作为高校,必须主动适应国家战略发展新需求和世界高等教育发展新趋势,牢牢抓住全面提高人才培养能力这个核心点,把本科教育放在人才培养的核心地位、教育教学的基础地位、新时代教育发展的前沿地位,振兴本科教育,形成高水平人才培养体系。

本书从工程认证背景下国内外工程教育改革出发,讲述国内外工程认证标准及"以学生为中心"、"以产出为导向"、"持续改进"三大核心理念,分析国内外工程教育改革研究现状,结合目前工科专业人才培养现状与问题,以服装设计与工程专业为例,研究构建工程认证背景下服装新工科创新人才培养体系，并对课程大纲的设计、教学过程质量监控机制、课程改革、实践教学改革进行了探讨，注重提升学生专业理论与工程技术能力，树立综合化工程教育理念，推进学科交叉培养，优化人才培养全过程、各环节，是对"学生中心、成果导向、持续改进"国际工程教育专业认证理念的深化落实。

作为地方本科院校，走应用型人才培养之路是一种办学方向，地方本科院校要实现自我转型发展和弯道超车，必须进行系统的自我改革和调剂修正，主动回应区域经济和社会发展对人才需求的契合度。特别是在落实人才培养定位和解决实现人才培养关键环节上狠下功夫。而工程教育改革背景下的服装新工科人才培养为学校自我转型发展提供有效路径，打造学校人才培养与社会多方合作的育人共同体，为地方本科院校新工科专业建设提供参考。

王秀芝

2019 年 7 月于德州学院

目　　录

第一章　绪论

第一节　研究背景与意义

一　研究背景

制造业是国民经济的主体，是立国之本、兴国之器、强国之基。18世纪中叶开启工业文明以来，世界强国的兴衰史和中华民族的奋斗史一再证明，没有强大的制造业，就没有国家和民族的强盛。打造具有国际竞争力的制造业，是我国提升综合国力、保障国家安全、建设世界强国的必由之路。

中华人民共和国成立尤其是改革开放以来，我国制造业持续快速发展，建成了门类齐全、独立完整的产业体系，有力推动工业化和现代化进程，显著增强综合国力，支撑世界大国地位。然而，与世界先进水平相比，中国制造业仍然大而不强，在自主创新能力、资源利用效率、产业结构水平、信息化程度、质量效益等方面差距明显，转型升级和跨越发展的任务紧迫而艰巨。

当前，新一轮科技革命和产业变革与我国加快转变经济发展方式形成历史性交汇，国际产业分工格局正在重塑。必须紧紧抓住这一重大历史机遇，按照"四个全面"战略布局要求，实施制造强国战略，加强统筹规划和前瞻部署，力争通过三个十年的努力，到中华人民共和国成立一百年时，把我国建设成为引领世界制造业发展的制造强国，为实现中华民族伟大复兴的中国梦打下坚实基础。

"中国制造 2025"，是我国政府实施制造强国战略第一个十年的行动纲领。为主动应对新一轮科技革命与产业变革，支撑服务创新驱动发展、"中国制造 2025" 等一系列国家战略，2017 年 2 月以来，教育部积极推进新工科建设，先后形成了"复旦共识""天大行动"和"北京指南"，并发布了《关于开展新工科研究与实践的通知》《关于推进新工科研究与实践项目的通知》，全力探索形成领跑全球工程教育的中国模式、中国经验，助力高等教育强国建设。复旦共识、天大行动和北京指南，构成了新工科建设的"三部曲"，奏响了人才培养主旋律，开拓了工程教育改革新路径。

"改革发展、教育先行"，中国的工程教育必须抓住新产业发展和新技术创新的机遇，兼顾工程领域近期与远期的发展需求，大力推动人才培养模式改革，从而推动国家和区域人力资本结构升级，助力经济模式由传统经济向新经济转变。新一轮产业革命为工程发展带来了良好的机遇，随着新经济时代与世界经济发展的历史性碰撞，以及中国工程领域日新月异的发展现状，世界高等工程教育站在了寻求发展转型的重要历史节点。

人才是智力资本的承载者，是一个国家竞争力和软实力的主体依托。在工程领域，面对工程新业态飞速发展的现实基础，无论是多么伟大的工程活动最终都必须通过"人才"来实现，工程教育是连接工程活动与工程人才的"桥梁"，工程人才培养模式是跨越这座"桥梁"的具体路径。目前，中国已成为名副其实的工程教育大国，但工程教育人才培养模式较为传统。工程教育改革必须要跟得上未来产业的发展需求，及时推进新工科的发展，对接新兴产业，培养新工科人才，以满足新经济发展对人才的需求。构建新工科人才培养新模式，是中国工程教育紧密对接国家、产业和科技领域重大需求，面向未来的必然趋势。只有大力推进当前工程人才培养模式的改革，才能支撑未来工程新业态、新产业的需求。借助新工科建设的契机，构筑工程人才培养新模式的先发优势，培养大批高素质的新工科人才，占据世界人力资源的战略制高点，才能实现中国从工程教育大国向工程教育强国的历史性转变。在此背景下，提出新工科战略、重构工程人才培养新模式，新工科人才培养新模式改革势在必行。而服装设计与工程作为一个工科专业，在这种工程教育背景下，如何能跳出传统产业及教育模式的束缚，探索出一条适应新产业经济的人才培养改革之路，是该课题研究的重点。

二　研究意义

在工程教育改革背景下研究服装新工科的人才培养模式及其实施途径，已经成为当前一个极其重要的课题。

（一）发展服装新工科专业成为地方本科院校一项紧迫的刚性需求

习近平总书记在党的十九大报告中提出"实现高等教育内涵式发展"的指示，强调高等教育发展重在内涵建设，重在办学水平提升，重在建设高等教育强国。国家教育事业发展"十三五"规划提出的"支持一批地方应用型本科高校建设，重点加强实验实训实习环境、平台和基地建设，鼓励吸引行业企业参与办学"，说明"产教融合、合作育人"是建设新型地方本科院校的关键。

在"中国制造2025"及新旧动能转换的大背景下，未来制造企业需要新型人才。但是，现有的传统工科专业，由于注重精细化的人才培养，课程体系比较单一，传承了多年的以课堂教学为主的、近乎填鸭式的传统授课模式，使得毕业生的知识构成、创新实践能力已经不能满足新经济、新产业、新业态、新模式的经济社会发展需求，同时传统的学科分类框架下的一些工科门类，在新的产业升级和经济转型的过程中，会面临消失的"窘境"。因此，作为地方本科院校，应积极发展新工科专业，在人才培养方面要有扬弃精神，要保持传统本科的优势，更要大胆吸收先进人才培养理念，服装新工科人才培养已成为当下一项非常紧迫的刚性需求。

（二）发展服装新工科能够保障区域产业发展对人才的需求

区域新兴产业的布局与发展已经成为支撑地方发展的新动力，成为带动地方实现经济增长的主要载体，对生产改造、技术创新、服务提升提出新要求。地方本科院校的发展只有融入地方、服务地方、支撑地方，才能履行其人才培养功能，真正实现高等教育育人的价值。这就要求地方本科院校在落实"地方性、应用型"的办学定位中要头脑清醒，以服务地方经济发展为宗旨，在推进实施服装新工科人才培养改革探索中，真正履行地方本科院校服务地方人才培养的基本功能，凸显其在区域经济和社会发展中造就工程技术人才的活力和创新力，有效地为地方产业发展提供应用型人才支撑。

（三）发展服装新工科有助于地方本科院校自我转型升级

改革开放 40 年以来，从计划经济到市场经济，从精英教育到大众化教育再到普及化教育，高校走过一条自我发展与转型之路，高校人才培养的多元化和个性化成为教育适应社会发展的又一时代特征。地方本科院校照搬传统本科办学和复制其人才培养模式的做法已经跟不上时代发展的车轮，地方本科院校建立自己的核心竞争力成为其办学的重要任务。走应用型人才培养之路是地方本科院校的一种办学方向，是一大批高校不断追求和实现其人才培养的发展道路，应用型不是虚幻的理想，应该是高校实实在在的实践行为。地方本科院校要实现自我转型发展和弯道超车，必须进行系统的自我改革和调剂修正，主动回应区域经济和社会发展对人才需求的契合度。特别是在落实人才培养定位和解决实现人才培养关键环节上狠下功夫。工程教育改革背景下的服装新工科人才培养为地方本科院校自我转型发展提供有效路径，打造地方本科院校人才培养与社会多方合作的育人共同体，是衡量地方本科院校自我转型发展的重要依据。

第二节 国内外研究现状

一 工程教育研究现状

在中国知识资源总库（CNKI）搜索关键词"工程教育"，会发现近几年共有相关文献 1000 余篇，分别对工程教育认证的改革与发展、制度构建、人才培养、师资建设、质量持续改进等做了不同层次的论述。

清华大学教育研究院林健在《工程教育认证与工程教育改革和发展》一文中从工程教育认证与教育教学理念改变、工程人才培养标准化、工程专业培养目标制定、工程专业培养标准、工程教育质量持续改进、专业课程体系改革以及工科教师队伍建设等七个方面讨论工程教育认证与工程教育教学改革和发展之间的关系，为二者之间的相互促进，尤其是为后者的改革和发展提供借鉴。林建在《卓越工程师教育培养计划质量要求与工程教育认证》一文中分析了卓越计划的目的与工程教育认证的作用，找出二者之间的包容性；然后依次按照工程教育认证通用标准的构成顺序，分别将工程教育认证标准中关于学生、培养目标、毕业要求、持续改进、课程体系、师资队伍和支持条件的要求与卓越计划的相关要求进行比较和分析，找出二者之间的相似和共同之处，以及存在的差异和区别；理出卓越计划有别于工程教育认证的专门要求；从工程教育认证与卓越计划质量评价结合的角度提出需要深入思考并解决的问题。

广东工业大学蔡述庭等在《工程教育认证中毕业要求达成度的三维度评价实践》一文中提出毕业要求达成度评价是工程教育认证中的重要一环，是持续改进的主要依据，也是促进课程体系优化、师资队伍建设的有效办法。文中介绍了华盛顿协议成员国美国、加拿大、澳大利亚等国代表组织关于毕业要求达成度评价的一些标准做法，由于学生学习成果评价的复杂性，作为学生学习成果评价载体的毕业要求达成度的评价方法仍然在不断探索与发展之中。根据《工程教育认证标准》，广东工业大学自动化专业采用标准中的 12 项毕业要求，并分解为若干便于评价的指标点，在指标点的评价过程中，采用的直接评价与间接评价相结合的评价方法，从课程成绩评价、用人单位评价、毕业生自评三个维度对毕业要求达成情况进行评价，并对评价结果进行分析，将评价结果用于持续改进。

中国矿业大学王启立等在《工程教育背景下高校实验与实训系统保障条件建设》一文中提出，在分析工程教育认证标准对实验与实训系统要求的基础上，以中国矿业大学过程装备与控制工程为例，详细阐述了实验与实训系统在基础实验教学条件、专业实验教学条件、安全保障条件、校内工程训练中心和校外实训基地建设等方面的主要措施，总结了在硬件建设、学生实践能力、教学研究领域取得的成绩，为我国在工程教育背景下的实验与实训条件建设进行了有益尝试和探索。

在《基于工程教育专业认证的高等学校工程人才培养思考》一文中，王宣赫、谢庆宾等通过工程教育专业认证标准和主要内涵分析了工程教育专业认证对我国高校工程人才培养的重要作用，总结了我国高校在工程人才培养过程中存在的问题，并提出了提高和改进我国工程人才培养质量的建议。

在《推动高等工程教育向更高水平迈进》一文中，瞿振元教授指出我国高等工程教育存在的突出问题：如人才培养缺乏明确标准，理科化倾向比较严重等，并提出完善工程教育人才培养标准、重视教学内容和课程体系改革、深入开展教学方法创新、注重教师队伍建设、培养学生工程伦理、职业素养和人文艺术修养的举措，推动高等工程教育向更高水平迈进。

二 工程教育人才培养研究现状

（一）国内工程教育人才培养研究综述

在探讨人才培养模式含义方面，王孙禹、曾开富教授在《"工程创新人才"培养模式的大胆探索》一文中,强调创新人才培养模式是教育改革的主要任务,工程教育人才培养模式归根结底就是要回答"培养什么样的人"和"怎样培养人"这两个问题,并从专业、课程等4个方面介绍了欧林工学院的人才培养模式,探讨其中值得我国工程教育借鉴吸收的经验。

周绪红教授在《中国工程教育人才培养模式改革创新的现状与展望》一文中,强调不论什么样的人才培养模式,都包含了培养目标、教学内容、培养制度、培养过程4个最主要的要素。吴志功教授在《论现代高等工程教育人才培养方向》一文中,通过探讨对外高等工程教育发展趋势及综合分析我国高等工程教育人才培养现状,为我国高等工程教育人才培养的方向提出了教育革新建议。

廖娟、李小忠在《美国工程师培养模式研究》一文中,从教育系统、政府、行业协会、企业4个方面探讨了美国对工程师的培养模式,为我国工程教育人才培养提供借鉴和启示。

在工程教育人才培养模式的产学结合方面,查建中教授详细分析了我国工程教育校企合作的问题,从国内、国际社会经济发展对人才培养的需求角度,提出推行产学合作的措施。朱高峰院士强调工程教育的产学研合作,需要全社会各主体共同承担。尤其是国家要加大支持力度,并加强立法,企业要担负起培养人才的重担,学校教育要理论联系实际。

(二)国外工程教育人才培养研究综述

对国外工程教育人才培养模式的研究一直是工程教育界关注和研究的重点。有关美国工程教育发展历史,值得一提的是劳伦斯·P.格雷森著的《美国工程教育简史》,它是我们了解美国工程教育的最佳切入点,完整地回顾了美国工程教育19世纪初到20世纪70年代这段时间的发展历程。

柳宏志教授在《综合就是创造——综合工程教育模式的探索》一文中,详细介绍了美国工程教育的改革发展轨迹:从1986年的《尼尔报告》、1998 年的《博耶报告》、2004 年的《2020 年的工程师愿景》、2005 年的《新世纪工程教育的变革和工程师计划》等，这些重大报告的先后出台为美国工科人才培养和工程教育改革指明方向，同时也为我国工程教育改革提供启示。

陈新艳、张安富在《德国工程师培养模式及借鉴价值》文章中详细介绍了德国工程教育、工程师制度及工程师培养模式的特点，德国将工程师资质制度融入工程教育，以成品工程师为培养目标，创建工程师资质的国际互认机制等特色，为我国工程教育改革带来启发。

关于工科人才培养的课程创新领域，姚威教授在《欧洲工程教育一体化进程分析及其启示》一文中，重点介绍了欧洲工程师认证计划和项目鉴定计划两项举措，总结了欧洲工程教育改革的特征，并探讨了欧洲工程教育一体化进程对我国工程教育改革和发展的启示。方必军教授在《美国高等工程教育课程设置特点及其启示》一文中，在分析课程设置理念、课程设置模式和培养目标，借鉴其成功办学经验的基础上，为我国在改革教学内容和课程体系设置方面提出建议：打破学科壁垒，课程体系设置综合化，加强与企业联系，重视工程训练，以适应科学发展和现代工程的要求。

通过总结梳理国内外学者相关文献发现，我国高等工程教育领域的研究在逐步拓展，因此，探索改革新工科人才培养模式，着眼于新工科学生创新精神和实践能力的培养、深化新工科课程体系改革、教学内容和教学方法及手段的改革，成为教育工作者关注的焦点和高等工程教育改革的主要问题。

三 新工科研究综述

在中国知识资源总库（CNKI）搜索关键词"新工科"，会发现 2017 年、2018 年两年共有相关文献 814 篇，筛选出高等教育的 148 篇，进行分析，结果如下：

基金分布

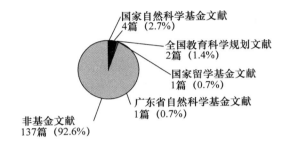

图 1 - 1　基金分布

来源分布

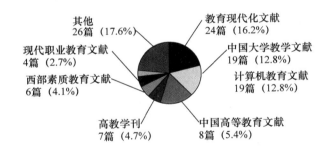

图 1 - 2　来源分布

汕头大学顾佩华在《新工科与新范式：概念、框架和实施路径》一文中对过去多年工程教育改革探索与实践进行了总结，参考新工科建设的研究和工程教育范式转变的探索，回答什么是新工科、为什么叫新工科等基本问题，探讨新工科教育以及新工科教育范式；并根据以往工程教育改革实践经验，以汕头大学为例，提出新工科建设的技术路径、组织实施方法，并讨论了需要关注的问题。

天津大学钟登华在《新工科建设的内涵与行动》一文中提到：新

工科是基于国家战略发展新需求、国际竞争新形势、立德树人新要求而提出的我国工程教育改革方向。新工科的内涵是以立德树人为引领，以应对变化、塑造未来为建设理念，以继承与创新、交叉与融合、协调与共享为主要途径，培养未来多元化、创新型卓越工程人才，具有战略型、创新性、系统化、开放式的特征。新工科建设将阶段推进，需要重点把握学与教、实践与创新、本土化与国际化三个任务，关键在于实现立法保障、扩大办学自主权、改革教育评价体系三个突破。

浙江大学本科生院陆国栋在《"新工科"建设的五个突破与初步探索》一文中提出建设与发展"新工科"意义重大。新工科建设应该是范式的根本转变，不仅是创设新专业以及撰写论文，至少应该有可供操作的培养方案，相应地提供专业论证和专业认定两个保证。新工科建设必须关注五个突破，即突破学科壁垒、专业藩篱、本研隔断、师生淡漠、校企隔阂。介绍了浙江大学的 5 项探索，包括跨学科的机器人研究院、跨专业的 3 个双学位班、贯通本研的工程师学院、激发师生激情的学生评价模式改革以及校企协同的"千生计划"等。

一流大学、综合性大学及地方本科院校都对"新工科"做了不同层次的研究。

四　服装专业人才培养研究综述

在中国知识资源总库（CNKI）搜索关键词"服装"与"人才培养"，共有相关文献 514 篇。

许岚在《吉林省应用型本科院校服装专业人才培养模式转型分析——以服装设计与工程专业人才培养为例》一文中提到服装设计与工程专业应进行人才培养模式转型。具体路径是：以高级技术应用型人才为人才培养目标；构建以应用型为主旨和特征的专业和课程内容体系，完善产教融合、校企合作的实习实训体系。结合服装设计与工程专业的转型路径，应用型本科院校人才培养模式转型应坚持如下策略：科学定位应用型本科院校人才培养目标；制定明确的应用型本科院校人才培养标准；加强应用型本科院校与专科层次职业教育的衔接和沟通；坚持明确的行业和产业导向。

孙超在《基于项目化教学的应用型本科人才培养模式研究——以服装设计与工程专业为例》一文中提到，项目教学法是在"做中学"理论基础上发展起来的一种教学模式，它是师生通过共同完成若干完整的项目任务而进行的教学活动，安排学习行为，解决项目实施中遇到的困难。在服装设计与工程应用型本科人才培养中引入项目化教学理念，将真实的工程实践项目作为教学实施的载体，创新应用型本科工程教育人才培养模式，取得了较好的教学效果。

陈东生、甘应进在《艺术工学特色服装专业应用型人才培养的探索与实践——以闽江学院服装与艺术工程学院为例》一文中提到，基于艺术工学学科理论引领，面向地方经济社会发展，聚焦高素质艺术工科服装专业应用技术型人才培养目标，根据艺术工科高等服装教育的办学定位，以大学生就业创业为导向设置专业，着眼艺术工学特色学科专业的内涵建设，持续开展服装艺术工科课程体系建设与课程改革、教师团队建设、实践教学基地建设、教学理念与教学方法改革，通过实施产教合作，培养艺术工科服装专业应用技术型人才。

五 德州学院在服装专业人才培养方面的研究现状

德州学院服装设计与工程专业建立于 1999 年，专业设置之初便确立了"大服装"的人才培养理念，注重对学生知识、能力、素质的综合培养，从理论和实践上为培养卓越服装专业工程人才奠定了坚实的基础。2005 年，以"基于'大服装'概念的服装专业人才培养模式的探索与实践"为题获批了山东省高等学校教学改革项目。2007年，以服装产业对专业人才的实际需求为依据，在"大服装"理念的基础上，借鉴 CDIO 国际工程教育理念，形成了 CDIO 人才培养理念，并将其贯穿于服装工程人才培养的全过程。2009 年，以"基于

CDIO 理念的服装专业人才培养模式的探索与实践"为题获批了山东省高等学校教学改革项目。2010 年,以教育部"卓越工程师培养计划"为契机,适应山东省服装业的发展,结合该校发展的实际,创新性提出 CDTA（C-culture 文化,D-design 设计,T-technology 技术,A-application 应用）教育理念并将其贯穿于人才培养模式改革和创新实验区建设的全过程。CDTA 教育理念,强调以技术创新为核心,以文化艺术为基础,以设计和具体应用为两翼,全方位培养学生的工程技术能力和综合素质。经过十几年的建设与发展,该专业已成为国家级特色专业,2013 年,该专业获批山东省 CDTA 服装人才培养模式创新实验区。围绕国家"卓越工程师培养计划",创新性地提出了服装专业 CDTA 卓越工程师人才培养理念,在培养目标、培养方案、学科体系、平台建设、考核体系和监控体系建设方面对服装设计与工程专业人才培养模式进行了改革与实践。通过设计过程,学生将所学知识和所需知识有机地融合在一起,综合全面地完善自己。以 CDTA 的构思、设计、技术及运用为导引,让学生产生对专业核心课程学习的兴趣,进而对服装专业形成一个清醒的全面认识。

自 2017 年以来,根据教育部加快推进新工科建设的通知精神,以工程教育认证为导向,以山东省教育服务新旧动能转换专业对接产业项目建设为契机,促进服装新工科专业建设,构建"理工"结合、"工工"结合、"艺工"结合、"工文"结合的人才培养体系。

第三节 研究思路与方法

一 研究思路

以工程教育认证为导向,以 OBE 工程教育理念为指导,紧紧围绕"培养什么学生?""如何培养学生?"来进行研究。主要分为培养目标、毕业要求的确定、专业课程体系的制定和实施、教育教学运行模式的改革与完善、教育教学方法及考核方式改革、课程或教学活动与毕业要求指标点的对应关系等方面。研究的整体架构图见图 1 - 3。

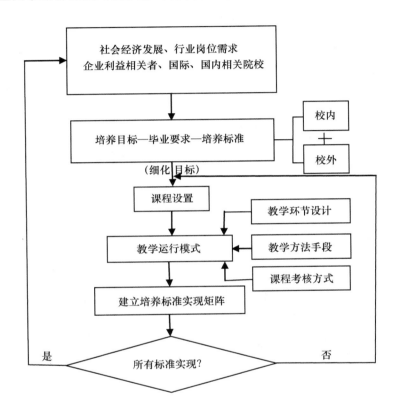

图 1 - 3 服装专业人才培养体系总体设计架构图

二 研究方法

(一) 文献研究法

文献研究法是通过文献收集和阅读掌握有关理论知识，了解相关主题的研究现状，为研究奠定理论基础和现实基础的一种研究方法。这一方法将运用于本课题整个研究过程，但更多地适用于本课题研究的准备阶段，特别是第一阶段和第二阶段研究中需要运用这种方法。

通过查阅大量有关国内外工程教育专业认证现状、工程教育专业认证标准以及我国工程教育质量、人才培养体系等方面的书籍、期刊和论文，并结合搜索相关网站，通过对文献的挖掘、整理和分析，总结相关领域的研究进展和面临的问题，获得对本研究有很大价值的研究资料。

（二）调查研究法（包括问卷调查、座谈会、访谈法）

这一方法在本课题研究中用得较多，课题将用于调查当前服装专业人才需求、当前高等院校服装专业人才培养模式、当前高等院校服装专业课程设置、当前服装行业急需学生具备的专业技能。课题实施阶段用于调查课题的阶段实施情况；课题结题阶段用于调查课题运作情况。

（三）经验总结法

经验总结法是教育科研历史上最早使用的方法。因为人类教育思想和教育理论的早期发展在很大程度上是以教育经验总结为基础的。经验总结法是依据教育实践所提供的事实，按照科学研究的程序，分析概括教育现象，从而揭示内在的联系和规律，把感性认识转化为理性认识。它需要理论研究者和实践者做一番总结、验证、提炼加工工作。总结经验一般在实践中取得良好效果后进行。

（四）案例研究法

案例研究法是通过对一个或多个案例的研究，继而进行说明和归纳，来给整体研究提供观点或结论的一种研究方法。本研究选取德州学院服装设计与工程专业为例，探讨在工程教育改革背景下如何进行新工科创新人才培养。

第二章 概念界定

一 关于工程教育的几个概念

（一）工程

关于工程的定义，国内外学者有不同的理解和解释。美国工程教育协会（ASEE）将工程定义为：通过综合运用科学和数学原理、经验、判断和常识来生产技术产品，服务和满足人类具体需要的艺术过程。国内学者对工程的定义有不同的理解。朱高峰院士认为，"工程是一种实践活动，是人类通过科学理论指导、运用技术手段来改造世界、创造财富的过程。工程内容既包括前期规划、设计，也包括项目建设、技术改造等活动。王沛民教授认为，工程是"利用自然、控制自然和创造人工自然满足人类目的的活动"。

在现代社会中，"工程"一词有广义和狭义之分。就狭义而言，工程定义为："以某组设想的目标为依据，应用有关的科学知识和技术手段，通过一群人的有组织活动将某个（或某些）现有实体（自然的或人造的）转化为具有预期使用价值的人造产品过程。"就广义而言，工程则定义为："由一群人为达到某种目的，在一个较长时间周期内进行协作活动的过程"。

根据上述学者对于工程的定义，笔者认为工程即应用有关的科学知识和技术手段，通过创造性的活动来达到满足人类需要的过程。

（二）工程教育

作为教育的范畴之一，工程教育有广义和狭义之分。广义工程教育，泛指一切培养工程人才的社会活动；而狭义的工程教育特指学校教育中对工程人才的培养。在《工程教育与工业竞争力》一书中，张维教授将工程教育定义为"以技术科学为主要学科基础的培养工程技术人才的专门教育"。李正、林凤在《从工程的本质看工程教育的发展趋势》一文中认为："工程教育是根据一定社会需要和受教育者身心发展特点，对受教育者身心有目的、有计划、有组织地施加全面系统影响以达到预期目的的社会活动过程。"

笔者认为，工程教育即以人类发展需要为基础，以技术科学为主要学科的培养不同类型工程技术人才的专门教育。

（三）专业认证

"认证"的英文是"Accreditation"，美国教育家伯顿·克拉克在《高等教育百科全书》中指出："认证是通过对高等教育的考察和评估，院校或专业得到认可，表明达到了可接受的最低标准的质量控制和质量保证的过程。"美国高等教育认证委员会（Council for Higher Education Accreditation）则把认证看作是"高等教育用以检查大学、学院以及专业项目，保证和提高质量的外部质量评估过程"。

专业认证是相对于院校认证而言，对专业进行认证的过程，是高等教育认证的重要组成部分。专业认证是由专业认证机构对专业性教育学院及专业性教育计划（education programmatic）实施的认证，为教育提供质量保证。相应地，工程教育专业认证是通过在工程技术专业领域对其教育质量进行评价而制定出来的规则、程序和规范，旨在使工程教育达到一定质量标准。

二 关于"新工科"的概念界定

对于"新工科"并没有一个精确的定义，但大家对"新工科"的基本范畴已经达成了共识，即新工科以新经济、新产业为背景，新工科的建设，一方面要设置和发展一批新兴工科专业，另一方面要推动现有工科专业的改革创新。实际上目前对新工科并没有一个特别明确的界定，它更强调一种新理念和新的人才培养模式。

与传统工科相比："新工科"更强调学科的实用性、交叉性与综合性，尤其注重新技术与传统工业技术的紧密结合。目前，加快建设和发展"新工科"，培养新经济急需紧缺人才，培养引领未来技术和产业发展的人才，已经成为全社会的共识。

当前引起工程教育界广泛关注的新工科，表面上似乎是缘起于2017年2月以来教育部的多项新举措，其似乎是对当前种类繁多的工程教育改革措施的概念创新或政策指导；而实际上，新工科理念绝不是简单地对过去和当前工程教育改革策略的概念创新或同义反复，更不是官方"一时兴起"的政策术语，它是我国工程教育为适应新经济、新产业发展的需要而采取的积极行动，是一种颠覆传统工程教育形态的全新工程教育形态。

新工科不仅是高等工程教育对未来工程发展新态势和新需求的回应，更是工程教育领域依据国家、产业和科技领域重大需求的突破性变革。新工科建设第一是要有新的工程教育理念。它是新工科建设与发展的灵魂保障，是工程教育范式变革的指南针。构筑新的工程教育理念，转换工程教育的新范式并明确其对工程教育实践的指导作用，已成为新工科建设过程的首要问题。第二是要有新的学科专业结构。学科是科学发展和社会进步的产物，它必然以科学技术和经济社会的发展趋势为导向。因此，面向未来技术和产业的发展，工程教育必然要调整和优化学科专业结构，在改造现有工科专业的同时，积极布局前沿和紧缺学科专业，以适应并引领未来工程发展的需求。第三是要有新的人才培养模式。新工科肩负着工程教育面向未来发展的历史重任，应一改过去迭代式人才培养模式改革的方式，重构工科人才培养新模式，培养适应、甚至引领未来工程发展需求的具有可持续竞争力的新工科人才。第四是要有新的教育教学质量。进一步重视德育的作用，将成"人"视为成"才"的基础与前提。同时，一改传统的以评教为主的外在评价体系，转为以评学为主的内在评价体系，力求在教育和教学两个方面共同推动工科领域形成内生、有效的质量文化，将质量价值观体现到教育教学具体环节，真正实现对质量的自觉意识。第五是要有新的分类发展体系。新工科建设将推动工科高校发挥学科优势、突出特色，推进工程教育实现新的分类发展体系，有效改善当前发展体系的同质化现状。在各层次各领域内办出特色，全面提升工程教育质量，努力培养不同类型的新工科人才，满足未来工程发展的不同需求。

三 关于人才培养的概念

（一）关于"人才培养体系"的概念界定

ISO9000 将"体系"界定为"相互关联或相互作用的一组要素"。借此，我们可以将"人才培养体系"定义为"人才培养过程中相互关联或相互作用的要素的组合"。关于这一概念的外延，陈小虎教授认为人才培养体系诸要素主要包括教育理念、培养目标、培养规格、课程设置、教育教学方式方法、考核评价方式等。虞丽娟教授则认为人才培养体系要素也应该包括教育教学质量保障体制机制建设。

（二）关于"人才培养模式"的概念界定

在《现代汉语辞海》中，对"培养"的定义是："为了一定的目的长期教育和训练，使其成长和发展"；对"模式"的解释为："人们可以遵循的标准形式"。朱最利教授认为："人才培养模式即人才培养的标准形式，它符合一定的规则，并允许人们效仿。"张光斗院士将工科大学的人才培养模式定义为："人才培养的内容和要求、培养规格、培养体系学制和方法。"

根据上述学者的观点，笔者认为，人才培养模式是指：在一定的教育思想指导下，教育各要素如课程、教学、评价等的结合，将学生培养成所需人才。其中教育各要素涉及培养目标、专业设置、课程体系、教育评价等多个要素及制定目标、培养过程实施、评价、改进等多个环节。

新工科归根结底是人才培养的创新，最终需要通过人才培养模式的改革去实现。所以，厘清何为新工科人才培养的"新模式"，是开展新工科人才培养模式改革的前提。新工科人才培养新模式要以面向未来、面向工程发展需求为前提，肩负着更新人才培养理念、重构知识结构和培养目标、转变培养方式等"新"任务。新工科人才培养方式，应以"融合"为顶层目标，运用顶层设计理念，在工程教育系统中自上而下，逐步提高工程教育系统各个层次的融合。新工科人才的培养方式之"新"，要求新工科建设过程中必须着眼于顶层设计，实现工程教育系统各个层次的融合，统筹规划人才培养任务的各层次和各要素，合理而高效地利用有效资源实现新工科人才培养目标。通过不断促进新工科建设过程中人才培养方式"融合"度的提升，使工科人才培养方式焕然一新，全面提升人才培养质量，适应并满足未来工程发展的需要。

第三章 工程教育专业认证标准及内涵

第一节 工程认证概述

一 我国工程教育专业认证的历史

中国的工程教育专业认证最早在土建类专业开展。1992 年，教育部委托当时的建设部主持开展了建筑学、城市规划、土木工程、建筑环境与设备工程、给水排水工程和工程管理等 6 个土建类专业的认证试点工作。我国全面的工程教育专业认证工作于 2006 年 3 月才正式启动，教育部于 2006 年 3 月正式成立了工程教育专业认证专家委员会及其秘书处，并启动了工程教育专业认证试点工作，首期选取电气工程、机械工程、计算机、化学工程与工艺 4 个专业作为试点。2007 年 6 月国家正式成立了全国工程教育专业认证专家委员会，下设机械工程及自动化、化学工程与工艺、计算机科学与技术、电气工程及其自动化、水文与水资源工程、食品科学与工程、环境工程、采矿工程、交通运输（铁路运输方向）等 9 个专业作为试点工作组。2012 年，按照《华盛顿协议》要求，我国在原全国工程教育专业认证专家委员会的基础上组建中国工程教育专业认证协会（China Engineering Education Accreditation Association，CEEAA），该协会的业务主管部门是中国科学技术协会，该协会将作为我国开展工程教育认证工作的唯一合法组织。2013 年 6 月 19 日，在韩国首尔召开的国际工程联盟大会上，《华盛顿协议》全会一致通过接纳中国为该协议签约成员，中国成为该协议组织的第 21 个成员。2016 年 6 月 2 日国际工程联盟大会《华盛顿协议》全会全票通过了中国的转正申请，中国成为第 18 个《华盛顿协议》正式成员，我国工程教育专业认证实现了与国际工程教育认证实质等效的跨越。

二 我国工程教育专业认证的方式和过程

工程教育专业认证是通过学校自评、专家核实的方式进行的。其中，学校自评是关键。学校进行自评工作时，应针对认证标准，逐项检查接受认证专业是否达到标准要求，并且用数据或描述性资料进行佐证。专业通过自评，可以发现教学体系中存在的问题和不足，而接受认证则为专业进行自我改进提供了动力。工程教育专业认证可以分为院校自评和专家组进校考查两个阶段，从基本程序上来讲包括 6 个步骤，即：申请认证、学校自评、审阅《自评报告》、现场考查、审议和做出认证结论、监督和仲裁。

三 我国工程教育专业认证的特点和作用

专业认证的特点是它既是过程又是结论。作为过程，它对专业的教育质量进行评估，并促使专业不断凝练特色，提高教育质量，这个过程注重的是不以结果为终结，而是以整改和持续发展为目标；作为结论，它向公众提供专业教育质量的权威判断，引导并促进高校学科专业的教学改革、建设与管理。专业认证具有自愿参与的特点，是用最低标准进行合格评价并帮助被评专业建立一种自发的自我检查机制。

开展工程教育专业认证，对于构建我国工程教育的质量监控体系，推进我国工程教育改革，进一步提高工程教育的质量，建立与注册工程师制度相衔接的工程教育专业认证体系，构建工程教育与企业界的联系机制，增强工程教育人才培养对产业发展的适应性，促进我国工程教育的国际互认，提升国际竞争力，是十分重要的。专业认证不仅要求工程专业具有完善的内部质量保障体系，具有自我改进和完善的能力，而且专业认证制度本身反映了来自政府调控和社会力量参与的外部质量监督作用。专业认证标准反映了社会需要尤其是工程界的需要，认证结果也代表了社会对学校专业教学质量的认可，能够获得对工程教育质量更为客观的评价，而不是教育系统的自我评价。

工程教育专业认证是我国高等工程教育参与国际竞争的重要基础，能够促进高等工程教育的改革与发展，从而提高高等工程教育的整体质量，是提高工程人才培养质量的重要保证。

第二节　工程认证标准解读

一　通用标准

（一）学生

1. 具有吸引优秀生源的制度和措施

"优秀生源"不能仅从分数衡量，要包括"质"和"量"。"质"主要包含两部分，一是生源对本专业的认识（认知度：对本专业了解的程度）和认可（认可度：喜欢本专业的程度）；二是他们具有相对好的成绩（如新生高考成绩、在校学习专业分流（一年级、二年级）的成绩）。"量"表示生源的充足性。"优秀生源"是一个相对的概念，受学校、行业和社会背景的影响，在不同专业的表现形式不尽相同。

"制度和措施"重点关注学校对专业的要求和专业采取的措施，通常包括专业生源质量分析、专业自身优势分析、招生宣传、奖学金、助学金、贷学金、在校生专业认可度分析等方面。制度措施应该具有稳定性和连续性，有人员、条件保证执行和落实。此外，还应对制度执行效果进行分析和评价，促进制度改进完善。

2. 具有完善的学生学习指导、职业规划、就业指导、心理辅导等方面的措施并能够很好地执行落实

专业应开展学生学习指导、职业规划、就业指导、心理辅导等工

作，帮助学生达成毕业要求，实现学生发展。各项指导活动中，学生学习指导是重点，其他指导活动从不同侧面予以支持。专业任课教师应在学生学习指导工作中发挥主力作用，结合课程教学开展学习指导工作。学习指导应实现以下目标：首先，应该让学生清楚专业的毕业要求，知晓毕业时能够具备的知识、能力和素质，并对实现毕业要求的路径有所了解；其次，应该让学生明白每一门课程的地位和作用，了解课程学习与实现毕业要求的关系，增强学习主动性和自觉性；最后，应该建立起良好地师生沟通渠道，使学生在学习中遇到问题时能够方便地寻求帮助。

职业规划、就业指导、心理辅导等工作应该与学生达成毕业要求相联系，促进学生发展。

3. 对学生在整个学习过程中的表现进行跟踪与评估，并通过形成性评价保证学生毕业时达到毕业要求

专业需对学生个体的学业情况进行跟踪与评估，对于学业有困难的学生及时预警，并采取必要的帮扶措施，帮助学生提高学业成绩，达成毕业要求。

专业需建立形成性评价机制。形成性评价是指在课程教学过程中通过各种方式观察和评价学生的学习状态，发现问题，及时纠正或帮扶，帮助学生达成课程目标。形成性评价的目的是有针对性的改进教学，使尽可能多的学生在学业结束时能够满足毕业要求。

4. 有明确规定和相应认定过程，认可转专业、转学学生的原有学分

重点关注专业对转入学生原有学分认可的依据和程序。之所以要认可"原有学分"，是因为这些"学分"对应的教学活动承担着为指定的毕业要求指标点达成提供支撑的任务，而不同学校、不同专业的"教学活动"是各具特色，不尽相同的。

学生获得本专业某门课的学分，表明学生通过该课程的学习，为相关毕业要求的达成提供了相应的支持，因此，专业必须通过判断学

生在本专业之外获取的学分在支撑本专业毕业要求方面是否"等价"或"覆盖"来决定是否认可该学分。专业应基于这一原则制定学分认定规定，明确学分认可的依据、责任人和执行程序，并保证认定结果有据可查。

（二）培养目标

1. 有公开的、符合学校定位的、适应社会经济发展需要的培养目标

培养目标是对该专业毕业生在毕业后5年左右能够达到的职业和专业成就的总体描述。专业制定培养目标时必须充分考虑内外部需求和条件，包括学校定位、专业具备的资源条件、社会需求和利益相关者的期望等。专业应通过各种方式使利益相关者（特别是专业教师）了解和参与培养目标的制定过程，在培养目标的内涵上达成共识。

专业应有明确的公开渠道公布和解读专业的培养目标，使利益相关者知晓和理解培养目标的含义。

2. 定期评价培养目标的合理性并根据评价结果对培养目标进行修订，评价与修订过程有行业或企业专家参与

对培养目标进行合理性评价是修订培养目标的基础工作。所谓合理性是指专业培养目标与学校定位、专业具备的资源条件、社会需求和利益相关者的期望等内外需求和条件的符合度。专业应定期开展培养目标合理性评价，了解和分析内外需求和条件的变化，并根据变化情况修订培养目标。要求企业或行业专家参与评价修订工作，是为了保证评价和修订工作能够更好地反映行业的人才的需求，使专业的人才培养工作更加符合行业的需求。

（三）毕业要求

专业必须有明确、公开、可衡量的毕业要求，毕业要求应能支撑培养目标的达成。专业制定的毕业要求应完全覆盖以下内容：

标准对专业毕业要求提出了"明确、公开、可衡量、支撑、覆盖"的要求。所谓"明确"，是指专业应当准确描述本专业的毕业要

求，并通过指标点分解明晰毕业要求的内涵。所谓"公开"是指毕业要求应作为专业培养方案中的重要内容，通过固定渠道予以公开，并通过研讨、宣讲和解读等方式使师生知晓并具有相对一致的理解。所谓"可衡量"，是指学生通过本科阶段的学习能够获得毕业要求所描述的能力（可落实），且该能力可以通过学生的学习成果和表现判定其达成情况（可评价）。所谓"支撑"，是指专业毕业要求对学生相关能力的描述，应能体现对专业培养目标的支撑。所谓"覆盖"，是指专业制定的毕业要求在广度上应能完全覆盖标准中 12 条毕业要求所涉及的内容，描述的学生能力在程度上应不低于 12 项标准的基本要求。

在认证实践中，上述"明确、可衡量、覆盖、支撑"的要求，都可以通过专业分解的毕业要求指标点来考查。指标点是经过选择的，能够反映毕业要求内涵，且易于衡量的考查点。通过毕业要求指标点可以判断专业对于通用标准 12 项基本要求的内涵是否真正理解，可以判断专业建立的毕业要求达成评价机制是否具有可操作性和可靠性，也可以判断专业是否根据培养目标设计自身的毕业要求。换言之，就是如果指标点不能体现标准的含义，即使专业照抄 12 项通用标准也未必就能证明"覆盖"；如果指标点不可衡量，即使进行了达成度评价，其结果也不能证明达成。由于毕业要求指标点的达成需要教学活动（以下一般称为课程）的支持，因此衡量也是基于课程来实现的。从可衡量的角度看，技术类毕业要求的指标点分解应有利于与学校现行的"基础/专业基础/专业"的课程分类方式对接，符合由浅入深的教学规律，应按照能力形成的逻辑"纵向"分解。非技术类毕业要求指标点分解的关键是对相关能力的内涵进行清晰表述，只有做到清晰表述才可能纳入教学内容并进行有效评价。非技术类毕业要求可按照"能力要素"进行分解。

（1）工程知识

能够将数学、自然科学、工程基础和专业知识用于解决复杂工程问题。

本标准项对学生的"工程知识"提出了"学以致用"的要求。包括两个方面，其一，学生必须具备解决复杂工程问题所需的数学、自然科学、工程基础和专业知识；其二，能够将这些知识用于解决复杂工程问题。前者是对知识结构的要求，后者是对知识运用的要求。

专业可从下列角度理解本标准项的内涵：①能将数学、自然科学、工程科学的语言工具用于工程问题的表述；②能针对具体的对象建立数学模型并求解；③能够将相关知识和数学模型方法用于推演、分析专业工程问题；④能够将相关知识和数学模型方法用于专业工程问题解决方案的比较与综合。

本标准项描述的能力可通过数学、自然科学、工程基础、专业基础和专业类课程的教学来培养和评价。

（2）问题分析

能够应用数学、自然科学和工程科学的基本原理，识别、表达、并通过文献研究分析复杂工程问题，以获得有效结论。

本标准项对学生"问题分析"能力提出了两方面的要求，其一，学生应学会基于科学原理思考问题；其二，学生应掌握"问题分析"的方法。前者是思维能力培养，后者是方法论教学。

专业可从下列角度理解本标准项的内涵：①能运用相关科学原理，识别和判断复杂工程问题的关键环节；②能基于相关科学原理和数学模型方法正确表达复杂工程问题；③能认识到解决问题有多种方案可选择，会通过文献研究寻求可替代的解决方案；④能运用基本原理，借助文献研究，分析过程的影响因素，获得有效结论。

本标准项描述的能力可通过数学、自然科学、工程基础、专业基础类课程的教学来培养和评价。教学上应强调"问题分析"的方法论，培养学生的科学思维能力。

（3）设计/开发解决方案

能够设计针对复杂工程问题的解决方案，设计满足特定需求的系统、单元（部件）或工艺流程，并能够在设计环节中体现创新意识，考虑社会、健康、安全、法律、文化以及环境等因素。

本标准项对学生"设计/开发解决方案"的能力提出了广义和狭义的要求，广义上讲，学生应了解"面向工程设计和产品开发全周期、全流程设计/开发解决方案"的基本方法和技术；狭义上讲，学生应能够针对特定需求，完成单体和系统的设计。

专业可从下列角度理解本标准项的内涵：①掌握工程设计和产品开发全周期、全流程的基本设计/开发方法和技术，了解影响设计目标和技术方案的各种因素；②能够针对特定需求，完成单元（部件）的设计；③能够进行系统或工艺流程设计，在设计中体现创新意识；④在设计中能够考虑安全、健康、法律、文化及环境等制约因素。

本标准项描述的能力可通过设计类专业课程、相关通识课程，以及课程设计、产品或过程设计、毕业设计等实践环节来培养和评价。

（4）研究

能够基于科学原理并采用科学方法对复杂工程问题进行研究，包括设计实验、分析与解释数据、并通过信息综合得到合理有效的结论。

本标准项要求学生能够面向复杂工程问题，按照"调研、设计、实施、归纳"的思路开展研究。

专业可从下列角度理解本标准项的内涵：①能够基于科学原理，通过文献研究或相关方法，调研和分析复杂工程问题的解决方案；②能够根据对象特征，选择研究路线，设计实验方案；③能够根据实验方案构建实验系统，安全地开展实验，正确地采集实验数据；④能对实验结果进行分析和解释，并通过信息综合得到合理有效的结论。

本标准项描述的能力可通过相关理论课程、实验课程、实践环节，以及课程内外各类专题研究活动来培养和评价。

（5）使用现代工具

能够针对复杂工程问题，开发、选择与使用恰当的技术、资源、现代工程工具和信息技术工具，包括对复杂工程问题的预测与模拟，并能够理解其局限性。

本标准对学生"使用现代工具"的能力提出了"开发、选择和使用"的要求。现代工具包括技术、资源、现代工程工具和信息技术工具。

专业可从下列角度理解本标准项的内涵：①了解专业常用的现代仪器、信息技术工具、工程工具和模拟软件的使用原理和方法，并理解其局限性；②能够选择与使用恰当的仪器、信息资源、工程工具和专业模拟软件，对复杂工程问题进行分析、计算与设计；③能够针对具体的对象，开发或选用满足特定需求的现代工具，模拟和预测专业问题，并能够分析其局限性。

本标准项描述的能力可通过相关的专业基础课程，专业课程和实践环节来培养和评价。

（6）工程与社会

能够基于工程相关背景知识进行合理分析，评价专业工程实践和复杂工程问题解决方案对社会、健康、安全、法律以及文化的影响，并理解应承担的责任。

本标准项要求学生关注"工程与社会的关系"，理解工程项目的实施不仅要考虑技术可行性，还必须考虑其市场相容性，即是否符合社会、健康、安全、法律以及文化等方面的外部制约因素的要求。标准中提及的"工程相关背景"是指专业工程项目的实际应用场景。标准中所指的"对社会、健康、安全、法律以及文化的影响"不是一个宽泛的概念，是要求学生能够根据工程项目的实施背景，针对性的应用相关知识评价工程项目对这些制约因素的影响，理解应承担的相应责任。

专业可从下列角度理解本标准项的内涵：①了解专业相关领域的技术标准体系、知识产权、产业政策和法律法规，理解不同社会文化对工程活动的影响；②能分析和评价专业工程实践对社会、健康、安全、法律、文化的影响，以及这些制约因素对项目实施的影响，并理解应承担的责任。

本标准项描述的能力可通过相关通识课程，专业课程和实习、实训等实践环节来培养和评价。

（7）环境和可持续发展

能够理解和评价针对复杂工程问题的工程实践对环境、社会可持续发展的影响。

本标准项要求学生必须建立环境和可持续发展的意识，在工程实践中能够关注、理解和评价环境保护、社会和谐，以及经济可持续、生态可持续、人类社会可持续的问题。

专业可从下列角度理解本标准项的内涵：①知晓和理解环境保护和可持续发展的理念和内涵；②能够站在环境保护和可持续发展的角度思考专业工程实践的可持续性，评价产品周期中可能对人类和环境造成的损害和隐患。

本标准项描述的能力可通过涉及生态环境、经济社会可持续发展知识的相关课程，以及专业课程和实践环节来培养和评价。

（8）职业规范

具有人文社会科学素养、社会责任感，能够在工程实践中理解并遵守工程职业道德和规范，履行责任。

本标准项对工科学生的人文社会科学素养、工程职业道德规范和社会责任提出了要求。"人文社会科学素养"主要是指学生应具有正确价值观，理解个人与社会的关系，了解中国国情。"工程职业道德和规范"是指工程团体的人员必须共同遵守的职业操守，不同工程领域对此有更细化的解读，但其核心要义是相同的，即诚实公正、诚信守则。工程专业的毕业生除了要求具备一般的思想道德修养和社会责任，更应该强调工程职业的道德和规范，尤其是对公众的安全、健康和福祉，以及环境保护的社会责任。

专业可从下列角度理解本标准项的内涵：①有正确价值观，理解个人与社会的关系，了解中国国情；②理解诚实公正、诚信守则的工程职业道德和规范，并能在工程实践中自觉遵守；③理解工程师对公众的安全、健康和福祉，以及环境保护的社会责任，能够在工程实践中自觉履行责任。

本标准项描述的能力可通过政治、人文、工程伦理、法律、职业规范等课程，以及社会实践、社团活动等实践环节来培养和评价。工程职业道德的培养应落实到学生基本品质的培养，如诚实公正（真实反映学习成果，不隐瞒问题，不夸大或虚构成果等）；诚信守则（遵纪、守法、守时、不作弊，尊重知识产权等）。考核评价应更关注学生的行为表现。

（9）个人和团队

能够在多学科背景下的团队中承担个体、团队成员以及负责人的角色。

本标准要求学生能够在多学科背景下的团队中，承担不同的角色。强调"多学科背景"是因为工程项目的研发和实施通常涉及不同学科领域的知识和人员，即便是某学科或某个人承担的工程创新和产品研发项目，其后续的中试、生产、市场、服务等也需要不同学科的人员协作，因此学生需要具备在多学科背景的团队中工作的能力。

专业可从下列角度理解本标准项的内涵：①能与其他学科的成员有效沟通，合作共事；②能够在团队中独立或合作开展工作；③能够组织、协调和指挥团队开展工作。

本标准项描述的能力可通过课内外的各种教学活动，通过跨学科团队任务，合作性学习活动来培养和评价，并通过合理的评分标准，评价学生的表现。

（10）沟通

能够就复杂工程问题与业界同行及社会公众进行有效沟通和交流，包括撰写报告和设计文稿、陈述发言、清晰表达或回应指令，并具备一定的国际视野，能够在跨文化背景下进行沟通和交流。

本标准对学生就专业问题进行有效沟通交流的能力，及其国际视野和跨文化交流的能力提出了要求。

专业可从下列角度理解本标准项的内涵：①能就专业问题，以口头、文稿、图表等方式，准确表达自己的观点，回应质疑，理解与业界同行和社会公众交流的差异性；②了解专业领域的国际发展趋势、研究热点，理解和尊重世界不同文化的差异性和多样性；③具备跨文化交流的语言和书面表达能力，能就专业问题，在跨文化背景下进行基本沟通和交流。

本标准项描述的能力可通过相关理论和实践课程、学术交流活动、专题研讨活动来培养。通过合理的评分标准，评价学生的表现。

（11）项目管理

理解并掌握工程管理原理与经济决策方法，并能在多学科环境中应用。

本标准所述的"工程管理原理"主要是指按照工程项目或产品的设计和实施的全周期、全流程进行的过程管理，包括多任务协调、时间进度控制、相关资源调度，人力资源配备等。"经济决策方法"是指对工程项目或产品的设计和实施的全周期、全流程的成本进行分析和决策的方法。

专业可从下列角度理解本标准项的内涵：①掌握工程项目中涉及的管理与经济决策方法；②了解工程及产品全周期、全流程的成本构成，理解其中涉及的工程管理与经济决策问题；③能在多学科环境下（包括模拟环境），在设计开发解决方案的过程中，运用工程管理与经济决策方法。

本标准项描述的能力可通过涉及工程管理和经济决策知识的相关课程，以及设计类、研究类、实习实训类实践环节来培养和评价。

（12）终身学习

具有自主学习和终身学习的意识，有不断学习和适应发展的能力。

本标准强调终身学习的能力，是因为学生未来的职业发展将面临新技术、新产业、新业态、新模式的挑战，学科专业之间的交叉融合将成为社会技术进步的新趋势，所以学生必须建立终身学习的意识，具备终身学习的思维和行动能力。

专业可从下列角度理解本标准项的内涵：①能在社会发展的大背景下，认识到自主和终身学习的必要性；②具有自主学习的能力，包括对技术问题的理解能力，归纳总结的能力和提出问题的能力等。

本标准项描述的能力可通过具有启发和引导作用的课程教学方法，以及课内外实践环节来培养和评价。

（四）持续改进

1. 建立教学过程质量监控机制和毕业要求达成情况评价机制

本标准项关注两个机制的建立，即教学过程质量监控机制和毕业要求达成情况评价机制。这两个机制的核心是面向产出的课程体系合理性评价和课程质量评价。面向产出的课程质量评价是指评价应聚焦学生的学习成效，课程内容、教学方法和考核方式必须与该课程支撑的毕业要求相匹配。课程质量评价是质量监控的核心，也是毕业要求达成评价的依据。课程质量评价的对象包括各类理论和实践课程，评价的目的是客观判定与毕业要求指标点相关的课程目标的达成情况。在课程质量评价的基础上，可以采用定性和定量相结合的方法对毕业要求达成进行评价。

毕业要求达成情况评价机制是检验和判断专业人才培养的"出口质量"是否达到预期质量标准（即毕业要求）的重要保障机制，也是专业"持续改进"的基本前提。毕业要求达成情况评价是通过收集和确定体现学生四年学习成果的相关评估数据（包括课程质量评价数据和学生表现评价数据），并对这些数据进行定性或定量的统计分析和结果解释后，对应届毕业生达成毕业要求的情况做出的评价。根据评价结果可以判断学生各项能力的长处和短板，为专业教学的持续改进提供依据。

2. 建立毕业生跟踪反馈机制及社会评价机制

专业应针对培养目标，制度化地开展毕业生跟踪、用人单位和行业组织等相关利益方的调查工作，并依据跟踪和调查所获得的信息对培养目标达成情况进行分析和评价，形成培养目标达成情况的总体判断。

本标准项强调对培养目标的达成情况进行定期分析，即通过建立毕业生跟踪反馈机制和有关各方参与的社会评价机制，恰当使用直接和间接、定性和定量的手段，采用适当的抽样方法，定期确定和收集培养目标达成情况数据，以便对培养目标的达成情况进行分析。

3. 能证明评价结果被用于持续改进

专业应根据标准项 1 和 2 中要求的内部和外部评价结果，发现专业培养方案设计和课程教学实施过程中存在的问题，及时反馈给相关责任人，对专业培养目标、学生毕业要求、能力达成指标、课程体系设置、课程及教学过程、评估和评价机制等方面进行科学化、系统化、持续化的改进。

（五）课程体系

课程设置能支持毕业要求的达成，课程体系设计有企业或行业专家参与。课程是实现毕业要求的基本单元，课程能否有效支持相应毕业要求的达成是衡量课程体系是否满足认证标准要求的主要判据。

本项标准项的核心内涵是要求专业的课程设置能够"支持"毕业要求的达成。所谓"支持"包括两层含义：其一，整个课程体系能够支撑全部毕业要求，即在课程矩阵中，每项毕业要求指标点都有合适的课程支撑，并且对支撑关系能够进行合理的解释。其二，每门课程能够实现其在课程体系中的作用，即课程大纲中明确建立了课程目标与相关毕业要求指标点的对应关系；课程内容与教学方式能够有效实现课程目标；课程考核的方式、内容和评分标准能够针对课程目标设计，考核结果能够证明课程目标的达成情况。

合理的课程体系设计应以毕业要求为依据，确定课程体系结构、设计课程内容、教学方法和考核方式。要求企业或行业专家参与课程体系设计过程的目的是保证课程内容及时更新，与行业实际发展相适应。

需要注意的是，通用标准的 12 项毕业要求中特别强调培养学生"解决复杂工程问题的能力"，而课程支持与否是该能力培养是否真正落实的重要判据，因此支持毕业要求的所有课程都应该将"解决复杂工程问题"的能力培养作为教学的背景目标，各类课程应各司其职，共同支撑该能力的达成。

课程体系必须包括：

1. 与本专业毕业要求相适应的数学与自然科学类课程

本项标准是针对数学与自然科学类等基础课程设置提出的要求。内涵包括三个方面，一是该类课程学分比例应不低于 15％；二是课程设置应该符合专业补充标准要求；三是课程的教学内容和效果应该能够支撑相应毕业要求达成。

2. 工程基础类、专业基础类与专业类课程应符合本专业毕业要求

工程基础类课程和专业基础类课程能体现数学和自然科学在本专业应用能力培养，专业类课程能体现系统设计和实践能力的培养。

本项标准内涵包括三个方面，一是该类课程学分比例不低于 30％；二是课程设置应该符合专业补充标准要求；三是课程的教学内容和效果应该能够支撑其在课程矩阵中的作用，工程基础类和专业基础类课程的教学内容能体现运用数学、自然科学和工程科学原理分析、研究专业复杂工程问题的能力培养，专业类课程能体现系统设计和有效实现复杂工程问题解决方案的能力培养。

3. 工程实践与毕业设计（论文）

设置完善的实践教学体系，并与企业合作，开展实习、实训，培养学生的实践能力和创新能力。毕业设计（论文）选题要结合本专业的工程实际问题，培养学生的工程意识、协作精神以及综合应用所

学知识解决实际问题的能力。对毕业设计（论文）的指导和考核有企业或行业专家参与。

本项标准是对实践教学环节提出的要求。专业应建立完善的实践教学体系，包括全体学生参与的综合实验项目、实习、实训、课程设计等工程实践和毕业设计（论文）等教学环节，有质量控制标准和管理规范。实践教学环节学分比例不低于 20%，实践训练内容符合专业补充标准要求。实习、实训过程实施状况和实际效果应该能够支撑其在课程矩阵中的作用，能体现培养学生的实践能力和创新能力。毕业设计（论文）选题应结合本专业的工程实际问题，能体现培养学生的工程意识、协作精神以及综合应用所学知识解决实际问题的能力；有企业或行业专家参与毕业设计（论文）的指导和考核。

4. 人文社会科学类通识教育课程

本项标准是针对通识教育课程设置提出的要求。内涵包括三个方面，一是该类课程学分比例不低于 15%；二是课程设置应该符合专业补充标准要求；三是课程教学内容和效果应该能够支撑其在课程体系能力矩阵中的作用，使学生在从事工程设计时能够考虑经济、环境、法律、伦理等各种制约因素。

（六）师资队伍

1. 教师数量能满足教学需要，结构合理

本标准项关注的是专业师资队伍的整体情况是否满足工程类专业教育的需要。所谓整体情况，具体指师资数量、队伍结构和兼职教师三个方面。教师的数量是否满足教学需要，主要从在校学生数量、开设课程以及实践教学环节等方面进行评判。师资队伍结构的合理性，主要从年龄结构、职称结构、学历结构、专业结构等方面进行评判。对于工程类专业教育，应有企业或行业专家作为兼职教师参与教学，并能够发挥行业背景的优势和特点。

2. 教师的业务能力能满足专业教学需要

教师具有足够的教学能力、专业水平、工程经验、沟通能力、职业发展能力，并且能够开展工程实践问题研究，参与学术交流。教师的工程背景应能满足专业教学的需要。

本标准项关注的是教师个体的职业能力，具体包括教学能力、专业水平、工程经验、沟通能力、职业发展能力等。专业应从保证教学质量的角度给出上述能力和水平的具体描述和要求；说明本专业对教师工程经验与工程背景的具体要求。教师具有的工程背景和工程经验应在教学活动中发挥作用。专业教师除了参与教学工作之外，还应具有工程实践相关研究工作和学术交流的能力与经历。

3. 教师有足够的精力进行本科教学与教学研究

教学工作是教师的主要职责。专业教师应将主要时间和精力投入到本科教学和学生指导工作中，同时积极参与教学研究与改革。专业应对教师教学工作时间，以及参与教学研究改革有明确要求和制度保证。

4. 教师为学生提供学业及职业生涯指导、咨询、服务

专业不仅要为在校学生提供教学环境，还有责任为学生提供全方位的指导，包括职业生涯规划、职业从业教育。教师应当在学生指导工作中承担重要责任。因此，专业必须明确规定教师为学生提供指导、咨询、服务、职业生涯规划、职业从业教育等指导的工作范围、具体内容和工作要求，并用制度加以保证。

5. 教师明确他们在教学质量提升过程中的责任，不断改进工作

作为教学工作的具体执行者，教师的责任意识是影响教学质量的重要因素，因此必须明确并自觉承担提高教学质量的责任。本标准所说的"明确责任"，主要是指教师应知晓、理解并认同其教学工作对学生毕业要求达成所承担的责任，并自觉改进教学工作，履行责任。

（七）支撑条件

1. 教室、实验室及设备在数量和功能上满足教学需要

有良好的管理、维护和更新机制，使得学生能够方便地使用。与企业合作共建实习和实训基地，在教学过程中为学生提供参与工程实

践的平台。

本标准项所指支撑条件主要是教室及相关设施、实验室及实验设备、实习和实训基地。关注的是这些教学设施的数量、功能和管理能否满足教学需求，支持学生毕业要求的达成。要求这些教学设施：①数量和功能上能满足专业课程教学和实践育人的需要；②有良好的管理、维护和更新机制，保证教学设施的运行状态、更新频率和管理模式能够方便学生使用；③有与企业合作共建的实习和实训基地，基地的条件设施和教学内容能够为学生提供真实的工程实践的平台；④在教学要求、人员配备、安全管理等方面满足专业补充标准。

2. 教学资源满足学生学习和教师教学科研需要

计算机、网络以及图书资料资源能够满足学生的学习以及教师的日常教学和科研所需。资源管理规范、共享程度高。

本标准项所指支撑条件主要是计算机、网络、图书和电子资料等公共资源。要求这些公共资源：①数量充足，种类丰富，及时更新，信息化程度高，方便师生使用；②能够满足学生的学习需求，支撑学生达成相关毕业要求（如获取信息、现代工具、创新活动、自主学习、国际视野等）；③能满足教师教学科研需求，支持教学改革和教师职业发展；④资源管理规范，共享程度和使用效率高。

3. 教学经费有保证，总量能满足教学需要

本标准项所指支撑条件是教学经费的投入。要求教学经费的投入：①有投入标准和制度保证；②日常教学经费的总量满足教学运行需求，包括实验设备维护与更新费、生均实验、实习和毕业设计费等；③专项经费的投入有助于专业持续改进，包括教改，实验室建设、师资培训等。

4. 学校有支持教师队伍建设的政策措施

学校能够有效地支持教师队伍建设，吸引与稳定合格的教师，并支持教师本身的专业发展，包括对青年教师的指导和培养。

本标准项所指支撑条件是学校支持专业师资队伍建设的政策、措

施和效果。要求学校：①要建立吸引优秀教师、保证师资队伍的稳定、促进教师的职业发展、帮助青年教师成长的制度性机制与措施；②政策措施制度要切实有效；③政策措施制度要明确、公开。

5. 学校能够提供达成毕业要求所必需的基础设施

本标准项所指支撑条件是学校为学生达成毕业要求提供的各类必要基础设施，包括：适宜的学习生活环境，完善的文体设施，良好的开展课外活动、社会实践、创新实践的平台条件等。

6. 学校的教学管理与服务规范，有效支持毕业要求的达成

本标准项要求学校的教学管理与服务能支持专业教学质量的持续改进，能支持全体学生毕业要求的达成。管理与服务规范要求既有制度文件规定，也能有效执行文件取得效果。

二 专业补充标准（纺织类专业补充标准）

工程教育专业认证除通用标准外，每个工科专业类在各自专业教学指导委员会的指导下，都有自己制定的专业补充标准。本补充标准适用于纺织类专业，包括纺织工程专业和服装设计与工程（注：授予工学学士学位）专业。

（一）课程体系

1. 课程设置

由学校根据自身定位、培养目标和办学特色自主设置课程体系。本专业补充标准对数学与自然科学类、工程基础类、专业基础类、专业类、实践环节、毕业设计（论文）六类课程提出基本要求。

（1）数学与自然科学类课程

数学类主要包括微积分、微分方程、线性代数、概率和数理统计等知识领域。自然科学类主要包括物理、化学等知识领域。

（2）工程基础类课程

工程类主要包括工程力学、工程制图、机械设计基础、电工电子技术、计算机与信息技术基础类等知识领域。

（3）专业基础类课程

纺织工程专业应包含：纺织材料、纺纱、机织、针织、纺织化学、纺织品设计等知识领域。服装设计与工程专业应包含：服装材料学、服装设计、服装结构基础、成衣纸样、成衣工艺等相关知识领域。

（4）专业类课程

可根据人才培养目标、自身优势和特点设置专业类课程教学内容，办出特色。

2. 实践环节

（1）实验课程

包括认知性实验、验证性实验、综合性实验和设计性实验等，培养学生实验设计、实施和测试分析的能力。

（2）工程训练

学生通过系统的工艺技术训练，提高工程意识和动手能力。包括产品设计与工艺的基本技能训练、综合技术训练和创新能力训练等。

（3）课程设计

主干课程应设置相应的课程设计，培养学生对知识和技能的综合运用能力。

（4）生产实习

包括认识实习和生产实习，观察和学习各种加工方法；学习各种生产流程、加工设备及其工作原理、功能、特点和适用范围；了解产品设计、产品工艺路线、产品生产过程；了解先进的生产理念和组织管理方式。培养学生理论联系实际的能力和工程实践能力。

（5）毕业设计（论文）

毕业设计（论文）选题应符合本专业的培养目标并具有明确的工程背景，应有一定的知识覆盖面，尽可能涵盖本专业主干课程的内容。培养学生综合运用所学知识分析和解决实际问题的能力，提高专业素质，培养创新能力。一人一题，应由具有丰富经验的教师或企业工程技术人员指导，实行过程管理和目标管理相结合的管理方式。

（二）师资队伍

1. 专业背景

从事本专业专业基础类和专业类课程教学工作的教师，其本科、硕士和博士学历中，至少有一个为纺织类、服装类专业的学习经历。

2. 工程背景

从事本专业教学（含实验教学）工作的80%以上的教师至少要有6个月以上服装企业或工程实践（包括与企业合作项目、企业工作等）经历。

（三）支持条件

1. 专业资料

学校图书馆或所属院（系、部）的资料室中应配备各种高质量的（含最新的）、充足的教材、参考书和相关的中外文图书、工具手册、标准、期刊及电子与网络信息资源，以及相应的检索工具。

2. 实验条件

（1）实验室面积、实验教学场地和实施设备满足教学需要。

（2）专业课实验开展率应达到90%以上，综合性、设计性和创新性实验课程占总实验课程比例大于60%。

（3）认知性和验证性实验每组学生数不能超过2人；综合性、设计性实验每组学生数原则上不能超过6人。

（4）实验技术人员数量充足，能有效指导学生进行实验。每个教师原则上不得同时指导2个以上不同内容的实验。

3. 实践基地

（1）实验室向学生开放，提供良好的实践环境。密切与业界联系，建立稳定的产学研合作基地。

（2）有相对稳定的校内外实习基地，能满足认识实习和生产实习的教学要求，校外实习基地建设年限在3年以上。校内实习基地有科研或生产技术活动，有开展因材施教、开发学生潜能的实际项目，有稳定的实习指导教师。

第三节　工程教育专业认证的核心理念

工程教育专业认证遵循的三个核心理念：学生中心、成果导向、持续改进。这些理念对引导和促进专业建设和课程教学改革、保障和提高工程教育人才培养质量至关重要。

我国开展工程教育认证工作，一是为了促进我国工程教育能够不断改革创新，顺应国际趋势，加强我国工程实践教育，提高工程教育质量；二是为了吸引工业和企业界主动关注和参与，增强工程教育与工业界的联系，提升工程技术人才步入工业产业的适应能力；三是为了促进我国工程教育参与到更广泛的国际交流中，推动国际互认，提高我国工科学生的国际竞争力。

工程专业认证倡导的三大理念：学生中心理念、成果导向理念、持续改进理念。这三大理念也是国际高等教育界非常关注的人才培养新观点和新思路。

学生中心理念强调学生是学习过程中的主人，是学习的主体，高校应重点关注学生的学习和需要。教师在教学过程中起导向性作用，教师的角色从传授者转变为引导者。成果导向理念指教学设计和教学实施的目标是学生的学习成果，通过预期学习产生出来组织、实施和评价教育的结构模式。持续改进理念强调专业必须建立符合自身要求的行之有效的质量监控和改进机制，并能持续跟踪改进效果并用于推动人才培养质量的不断提升。

一　学生中心

学生中心的理念和教学思想古已有之，但随着班级授课制的形成、工业革命推进等原因，近代教育逐渐偏离了学生中心的理念。随着网络技术、教育科学、心理科学的发展，高等教育的普及，学生中心的理念又重新得到重视。20 世纪末，联合国教科文组织也曾明确提出，高等教育需要转向学生为中心的新视角和新模式，应把学生及其需求作为关注的核心，学生是教育改革的主要参加者，并预言学生为中心的新理念必将对 21 世纪的高等教育界产生深远影响。

以学生为中心（Student Centered，SC）的理念作为工程教育专业认证的基本理念之一，指教师在教学过程中应以学生的学习和发展为中心，不应把学生的学习成绩作为评价学生好坏的唯一标准，学生是大学的主角，教师是学生学习的资源，大学为学生的学习和成长提供环境、资源和平台。以学生为中心，还指教学的目的、任务不在于"教"，而在于"学"，同时要求教师应改变传统模式的以"教"为中心，转向为学生"学"为中心的新型教育模式，使学生获得在知识、能力和素质上的全面提升。通用标准中的七个指标中学生为首要指标，其余六项指标都围绕着为让学生满足毕业要求，进而达成培养目标设置的。可以说，确立学生中心理念，是工程专业认证的出发点和归宿，也是提高教学质量的关键因素。

二　成果导向

成果导向教育（Outcome Based Education，OBE）是 1981 年由斯帕迪（Spady）等人提出的教育理念，之后得到教育界的广泛关注和认可。"成果导向教育"是以学生学习成果的水平及其达成度来组织和开展教学的，它强调毕业生对学习结果的明确性，即学生在课程学习之后，能够将课程所学运用于实践，并达到一定的标准。

美国工程教育专业认证协会（ABET）全面采纳 OBE 理念，并贯穿于专业认证标准的始终。

成果导向即 OBE 理念，可以说是学生中心理念的延伸，指教学设计和教学实施的目标是学生的学习成果，通过预期学习产出来组织、实施和评价教育的结构模式，依据学生毕业时必须要具备的毕业能力和要求，反向设计并评价专业培养目标、教学设计、教学管理是否合理，教师必须对学生毕业时应具备的能力和水平有清楚的构想，然后寻求设计和实施恰当的教育形式来保证学生实现并达到预期能力目标。

成果导向重点强调的是学生究竟学到了什么和能做什么，而不是教师教了什么。OBE 理念要求工程专业按照"反向设计、正向施工"的基本思路，以培养目标和毕业要求为出发点和归宿，科学合理的设计专业培养方案和课程大纲，采用匹配的教学内容和方法，配置足够的软硬件资源，并要求每个教师明确自己的责任，对学生是否达成毕业要求进行合理考核，最终还要评价课程和毕业要求的达成情况，并进行相应的持续改进。

三　持续改进

持续改进（Continuous Quality Improvement，CQI）理念是实施 OBE 人才培养模式的重要概念。持续改进作为工程教育认证的基本理念，贯穿于认证工作的各个环节，从课程设计到专业设置再到培养方案，CQI 持续跟踪，强调对人才培养体系中各环节、各单元的质量提升，并要求通过精确地评价、反馈提高质量。我国工程教育专业认证标准第四条"持续改进"，对专业明确提出三项要求。首先，在教学过程中，专业需建立质量监控机制，主要教学环节还需要有明确的质量要求，通过课程教学和评价促进达成培养目标，并定期对教学质量进行评价。其次，建立毕业生跟踪反馈机制以及除高教系统之外的利益方参与的社会评价机制。最后，专业应能证明评价结果有效推动专业建设持续改进。在评价专业的持续改进时应以持续改进标准为核心、结合其余六条标准进行全面评估。

第四章 工程教育背景下服装专业人才培养体系构建

　　新工科人才培养是新形势下大学生教育的有效培养模式，是培养信息技术专业高层次人才、复合型人才的重要途径，紧紧围绕新工科人才培养模式的新理念、新结构、新模式、新质量和新体系分析新工科人才培养模式，构建新工科人才培养体系是工程教育背景下的一种新育人模式。德州学院作为一所综合性的地方本科院校，拥有机械、汽车、纺织、服装等 27 个工科专业。下面以服装设计与工程专业为例，探讨工程教育背景下该专业人才培养体系的构建。

第一节 人才需求调研分析

一 调研背景

　　当前，党和国家通过制度供给和改革引领，将科技创新作为基本战略，不断提高科技创新能力，科技进步和技术创新在产业发展与国家的财富增长中起到了越来越重要的作用。服装业在我国国民经济发展中占有重要的地位。服装设计与工程专业是直接面向生产的专业，是我国工科类院校开设范围最广的专业之一，肩负着培养服装业创新型人才的重任。而传统的以理论讲授为主的人才培养模式，忽视了社会对人才规格和能力的需求，培养目标定位不准确、课程体系僵化、教学内容陈旧以及考核方式单一等问题逐渐显现，已经越来越不适应应用型创新人才培养的需求，需要全面深化的专业综合改革来改变这一现状。

工程教育专业认证是指专业认证机构针对高等教育机构开设的工程类专业教育实施的专门性认证，是国际通行的工程教育质量保障制度，也是实现工程教育国际互认和工程师资格国际互认的重要基础。《工程教育认证标准》是由专门行业协会、专业学会、该领域的教育专家和相关行业企业专家一起制订的，最大限度地反映了社会与企业的需求。将服装设计与工程专业改革与工程认证相对接，一方面可以促进服装人才培养模式的改革，提升专业内涵，提高服装设计与工程人才培养质量，培养社会合格人才；另一方面可以提高专业知名度，有助于我国未来工程师"毕业生"获得通行国际的执业资格。工程教育专业认证是促进高等教育发展，提高教育质量的重要方法和途径，已成为我国"五位一体"高教评估体系的重要组成部分。工程教育专业认证标准的核心是以学生为中心，强调成果导向、持续改进的教育理念。

2019 年 3 月 11—25 日，为了对接工程教育的新标准、修订新的人才培养方案，组织开展了服装设计与工程专业人才培养的企业调研工作。本次调研的企业包括鲁泰纺织股份有限公司、山东济宁如意毛纺织股份有限公司、山东滨州愉悦家纺有限公司、华源科技有限公司、烟台舒朗服装服饰有限公司、济南千禧王朝制衣有限公司等山东省十多家重点企业。通过访谈、实地调查与问卷调查相结合的方式，获得了大量企业人才需求数据与信息，为服装设计与工程专业人才培养方案的修订提供了依据。

二　调研基本情况

（一）调研对象

为全面了解服装设计与工程专业人才需求情况，对山东省 10 家大中小型服装企业进行了问卷调查，并进行了走访座谈；共发放了用人单位调查问卷 25 份，全部收回。

在对企业进行调研时，对企业人力资源经理及车间主任或生产技术经理分别进行调研，其中企业人力资源经理对企业专业人才的现状、特点和需求有比较客观和深刻的认识，也是企业专业人才引进和考核的主要决策者。车间主任或生产技术经理更加了解企业各个工作岗位对专业人才的素质和能力需求，对专业人才的专业能力和知识要求有较深刻和独到的见解。

调研内容经过服装设计与工程专业建设委员会专家精心讨论分析确定，包含了服装行业的政策和发展趋势，服装企业的现状和人才需求，服装设计与工程专业学生就业率、工作满意度及面临的问题，在校学生的学习态度和学业规划等。

（二）调研方法

本次调研采取企业领导座谈和问卷调查、咨询服装行业专家、毕业生信息反馈等多种方法相结合。同时，查阅了国家及相关部门制定的服装行业发展现状和规划，获取了服装设计与工程专业人才培养的重要信息。

本次调研方法以问卷调查为主，辅以访谈的方式进行。问卷调查采取随机抽样方法，兼顾样本选择的科学性和可操作性。

（三）调研内容

为保证调研过程的顺利进行及调查结果的针对性，最大限度地体现调研的目的，切实反映服装企业对专业人才的需求情况，为下一步人才培养方案完善提供重要的参考依据，根据专业特点及企业实际情况，对调查问卷进行了认真设计，并且在充分征求相关教师及企业意见的基础上，对调查问卷进行了反复的修改完善，最终确定了调查问卷的形式及内容。

对用人单位的调查除了企业背景信息外，重点调查了企业未来专业人才需求计划及对专业人才的知识要求、能力要求、素质要求，结合企业对毕业生工作表现情况的评价调研企业对人才培养模式、课程体系及教学内容的意见与建议。

1. 企业基本情况，包括：企业性质、企业规模、主营业务、员工人数等。

2. 企业未来三年人才需求计划，包括：人才需求的主要岗位类型、各岗位人才需求数量、学历层次等。

3. 企业对专业人才的要求，包括：知识要求、能力要求、素质要求等。

4. 企业对人才培养模式、课程体系及教学内容等的建议。

（四）调研过程

采用发放调查问卷的形式，对山东省十多家服装企业进行了调研，对鲁泰纺织股份有限公司、山东滨州愉悦家纺有限公司、烟台舒朗服装服饰有限公司、济南千禧王朝制衣有限公司等服装企业进行了重点走访，在与企业的走访座谈中，特别针对在服装行业发展的新形势下，服装企业对专业人才岗位的需求情况进行了调研，并了解了我校服装设计与工程专业毕业生在企业的工作表现情况，听取了企业对服装设计与工程专业人才培养等方面的建议，为服装设计与工程专业进一步明确人才培养目标定位、优化课程体系、修订人才培养方案提供了非常重要的参考资料。

三　调研结果与分析

（一）企业基本情况调查

在被调查的企业中，国有企业两家，占20%，民营企业7家，占70%，合资企业1家，占10%；大型企业两家，占20%，中型企业6家，占60%，小型企业两家，占20%。调查结果如图4－1、图4－2所示。

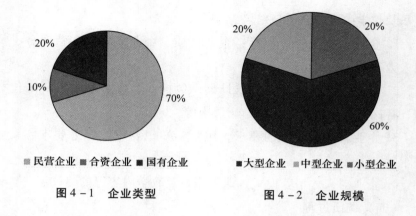

<table>
<tr><td>图 4 - 1 企业类型</td><td>图 4 - 2 企业规模</td></tr>
</table>

（二）企业人才需求类型、岗位及数量

企业对本科层次人才的需求最多，人才需求的岗位主要集中在生产技术岗位、设计研发岗位和贸易营销类岗位，其中生产技术岗位需求最多。

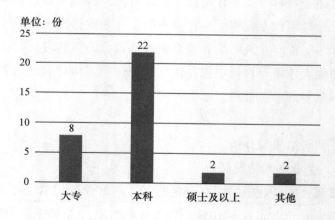

图 4 - 3 企业人才学历需求

另外针对生产技术岗、设计研发岗的具体岗位需求进行了调查，调查结果如下：

在对生产技术岗具体岗位需求方面，有 15 份问卷选择制版岗，有 10 份问卷选择工艺岗，有 5 份问卷选择质检岗，有 4 份问卷选择

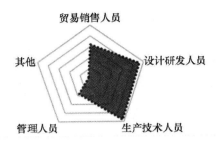

图 4 - 4　企业人才岗位需求

整烫岗，有 3 份选择其他岗。如图 4 - 5 所示。

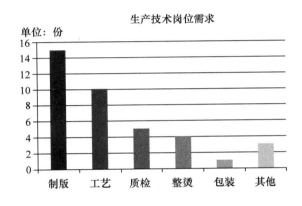

图 4 - 5　生产技术岗位具体需求

在对设计研发岗具体岗位需求方面，有 12 份问卷选择色彩设计岗，有 12 份问卷选择款式设计岗，有 5 份问卷选择服装面料设计岗，有 17 份问卷选择陈列设计岗，有 3 份选择其他岗。如图 4 - 6 所示。

（三）服装专业人才应具备的知识

在调查中，我们重点进行了专业人才岗位知识结构调研。知识结构主要由两部分组成：通用知识和专业知识，针对生产技术岗、设计研发岗、管理岗、贸易营销岗等不同的岗位需求分别进行了调研，统计结果如图 4 - 7 所示：

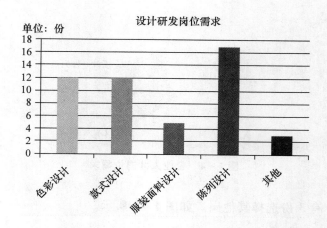

图4-6 设计研发岗位具体需求

1. 生产技术岗位

（1）通用知识结构

通用知识，即专业人才的基本知识。包括数理化、计算机、英语、机械、电子电工、营销贸易、企业管理知识等。

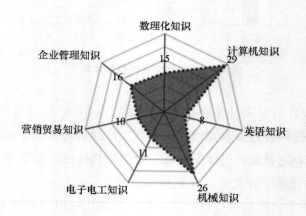

图4-7 生产技术岗位通用知识需求

调查数据表明：除了必备的数理化、计算机知识外，多数企业认为对于专业人才需要具有的必备的知识为机械、企业管理、电工电子知识，说明这些学科知识在企业工作中经常使用。

（2）专业知识结构

多数企业在选择时，把服装材料、服装结构、服装机械、营销与管理等知识放在了"必用"一栏，而其余的科目知识也都有较大比例被选为常用，因此企业所需要的人才，应该在掌握通用知识的基础上对基本的服装结构工艺、服装材料、营销管理等知识有全面的掌握。

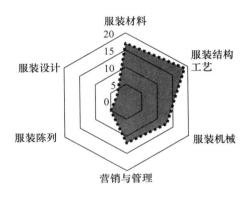

图4-8　生产技术岗位专业知识需求

2. 设计研发岗位

企业更注重综合知识的掌握，特别强调了服装设计、面料设计、服装陈列、营销与管理等知识。

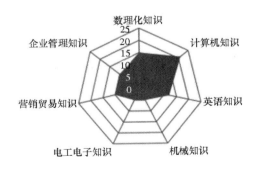

图4-9　设计研发岗位通用知识需求

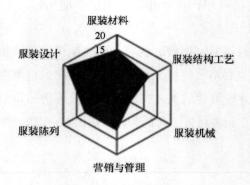

图4-10 设计研发岗位专业知识需求

3. 贸易营销岗位

多数企业认为对于贸易营销岗位人才需要具有的必用的知识为服装营销贸易、企业管理、专业外语等知识。

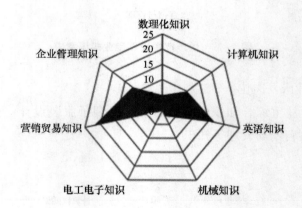

图4-11 贸易营销岗位通用知识需求

4. 管理岗位

多数企业认为对于管理岗位人才需要具有的必用知识为服装企业管理、计算机知识、贸易营销。

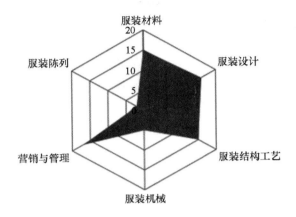

图 4 - 12 贸易营销岗位专业知识需求

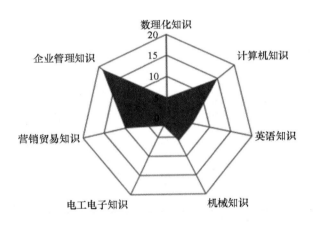

图 4 - 13 管理岗位通用知识需求

（四）服装专业人才应具备的能力

除了上述的知识要求，企业对于人才的要求更注重人才的素质技能。对于企业要求的技能，我们主要分为通用能力和专业能力。从调查数据情况看，多数企业把职业素养、团队精神和职工的吃苦耐劳抗挫折能力放在前位，其次才是专业能力。具体情况如下：

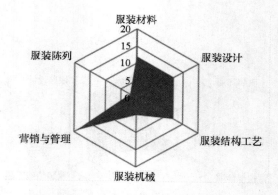

图 4 – 14　管理岗位专业知识需求

（1）通用能力需求

通用能力，包括职业素养、团队精神、抗挫折能力等。企业调研结果如图 4 – 15 所示。

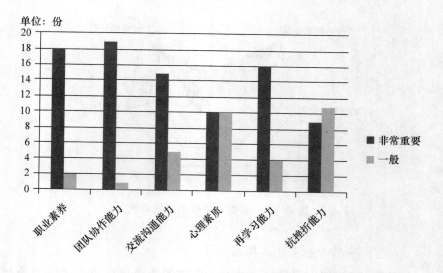

图 4 – 15　通用能力需求

由调查结果可以看出，排在前几位的依次是团队协作，占 95%；职业素养，占 90%；再学习能力，占 85%。

（2）专业能力需求

专业能力，包括工艺设计能力、产品设计能力、实际操作能力、检验检测能力、专业外语能力、实践创新能力、计算机应用能力、研究能力、独立解决问题能力等，企业调研结果如图4－16。

排在前几位的依次是工艺设计能力、产品设计能力、实际操作能力、实践创新能力、独立解决问题能力。

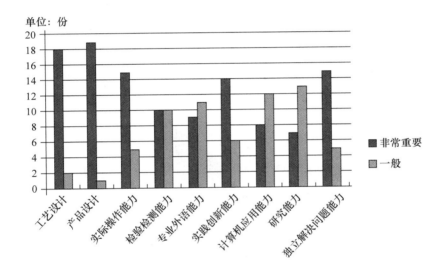

图4－16　专业能力需求

（五）企业对毕业生工作表现评价

表现评价方面调研结果如表4－1所示。

表4－1　　　　　　　**企业对毕业生工作表现评价表**

序号	项目	评价	票数	评价	票数
1	学生优势和特长	综合素质好	16	实际动手能力强	10
2	毕业生综合素质	较好	16	好	4
3	思想品德	较好	17	好	3

续表

序号	项目	评价	票数	评价	票数
4	团队合作精神	较好	16	好	10
5	实际操作能力	较好	14	好	6
6	吃苦耐劳精神	较好	11	好	15
7	与同事相处	融洽	19	—	—

　　从调查结果可以看出，企业对学生的综合素质评价较好。

　　同时，我们从综合素质和专业素养方面具体调研了目前服装专业毕业生存在的主要问题。调研结果如图4-17与图4-18所示。

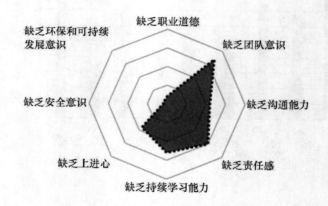

图4-17　学生综合素质方面存在的不足

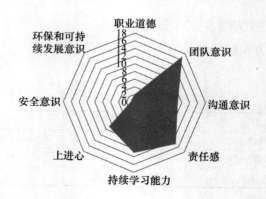

图4-18　学生专业素养方面存在的不足

（六）调查结果分析

1. 明确了企业岗位需求

根据调查的结果进一步明确了未来 3—5 年，企业岗位需求及各岗位能力需求如表 4 - 2 所示。

表 4 - 2 　　　　　　　　　　　　　**企业岗位需求**

工作岗位		能力需求
生产技术、设计研发岗	服装设计	款式设计、色彩设计、图案设计、配件设计
	服装制版	人体特征、量体、结构原理、成衣制版
	服装工艺	服装设备操作技能、工艺流程、工艺质量标准
	面料纹样设计	面料色彩搭配、纹样设计
管理岗	服装生产管理	熟悉服装生产流程；能进行生产跟进和质量控制；能进行生产计划的协调管理
贸易营销岗	服装市场营销、贸易业务	熟悉服装生产流程和市场营销知识，能对产品规格做出测量、分析；能策划营销方案，对外联络、建立业务关系，具备客户开发能力及管理能力

2. 进一步明确了专业人才培养的知识、能力需求

在知识需求方面企业所需要的人才，应该在掌握通用知识的基础上对基本的服装设计与制作、新技术、质量控制知识有全面的掌握。多数企业把职业素养、团队精神和职工的吃苦耐劳抗挫折能力放在前位，其次才是专业能力。在专业能力需求方面排在前几位的依次是产品设计能力、工艺设计能力、实际操作能力、实践创新能力、独立解决问题能力。

四　对下一步推进自身专业建设的思考及启发

（一）培养目标的确定要符合学校定位和适应社会经济发展需求

培养目标确定时要充分考虑内外部需求和条件，包括学校定位、专业具备的资源条件、社会需求和利益相关者的期望等。制订过程要进行有效的调研及合理的预测，包括针对本校教师、教学管理者的内部调研，

针对用人单位、校友、行业部门及其他利益相关者的外部调研，对调研数据的分析以及根据分析做出的需求预测进行合理性评价。

（二）课程体系的构建与课程设置应紧密结合行业发展趋势

面对服装行业发展新形势与背景，进一步做好服装专业的培养方案改革、培养目标的定位、实施教学体系的合理更新、教学内容的删繁就简、吐故纳新，实现专业理论如何与前沿科技的结合、建立适应行业发展的教学教材体系等都是需要认真思考、研究的问题。

（三）积极进行教学改革

理论教学内容体系方面应加强课程整合的力度，使之与岗位能力的需求紧密结合。注重学生创造能力和实践能力的培养，以学生为主体，因材施教。在理论教学中，改革教学方法和手段，并注重学生自学能力的培养，提高课程教学效果。在实践教学中，坚持强化专业实践教学，强化训练过程，实现应用能力的培养。

（四）发挥产学研协同育人作用，强化学生能力培养

加强工程实践能力的训练和培养是人才培养的重要内容，为进一步深化校企合作，创新人才培养模式，改革实践环节的内容和方法，更好地满足区域经济和服装产业发展急需的具有较高综合素质、突出工程实践能力和创新精神的服装专业人才。

第二节 人才培养定位与特色

人才培养涉及培养理念、培养目标、培养方式方法等要素的结合，高校的教育教学工作是实现人才培养最重要的手段和方式。德州学院坚持社会主义办学方向，坚持遵循办学规律、服务区域发展与立足实际相结合，立足地方性、应用型、重特色的办学定位，积极创建服务区域、特色鲜明、优势突出的地方性应用型高水平大学。注重突出学科专业特色，适应区域经济社会发展需要，坚持"校地互动、产教融合、整体优化、协同发展、特色鲜明"的原则，大力发展应用型

学科专业和传统文理学科的应用型方向，逐步形成以文理学科为基础、工管学科为主体，以信息技术、能源机械、食品生物、纺织服装、材料化工、经济管理、人文教育为引领的优势专业群。注重人才培养特色，根据国家战略、区域发展、学生需求和学生实际，坚持立德树人，努力培养"实基础、强实践、求创新、宽视野、高素养、重责任"的创新性应用型人才。注重突出地域特色，确立了"扎根德州，面向山东，辐射周边，服务京津冀协同发展、一圈一带等国家和山东省发展战略，努力成为德州及周边区域具有显著影响力的先进技术转移中心、科技服务中心和技术创新基地"服务定位，把学科专业与地方产业相对接，把人才培养与地方需要相对接，加大企业行业共同参与人才培养和学科建设的力度，在服务区域经济社会发展中凸显学校特色。注重突出文化特色，秉承自强不息、厚德载物的民族文化精神，浸润淳朴厚重的区域文化特质，不断发扬艰苦创业、自强不息、励志育人的办学精神，最大限度地发挥师生员工的主观能动性，着力促进学校的改革发展。

根据学校的发展定位，我们将服装设计与工程专业的人才培养定位为：培养适应新工科发展需要的创新性应用型服装类专业人才。

人才培养涉及方方面面，笔者就人才培养目标、毕业要求、课程体系构建、教学模式、课程改革、实践教学体系等进行研究与探讨。整体研究运用 OBE 理念引导服装教育改革，将 OBE 理念贯穿到人才培养全过程。

OBE 理念已经成为美国、德国等国家教育改革的主流理念，要更好地贯彻和推广 OBE 理念，首先要保证理念得到学校领导和教师学生的认同，其次要有具体的措施，推动教师将理念贯彻到课程教学的各环节，构建基于 OBE 理念的服装专业教育改革实施路径，需要依据 OBE 理念，重新修订培养方案，明晰培养目标，细化毕业要求，落实到课程支撑，评价产出达成情况。

第三节 专业人才培养目标与毕业要求

一 面向产出的培养目标

培养目标是人才培养的规格和标准，是人才培养活动得以发生的基本依据，也是高校人才培养工作的出发点和归宿。从逻辑来看，高校的人才培养质量首先取决于人才培养目标设计的质量，明确人才培养目标是确保高校人才培养应有质量的基本前提。

工程教育专业认证标准对培养目标的定义描述为：培养目标是对本专业毕业生在毕业后 5 年左右能够达到的职业和专业成就的总体描述。因此，培养目标是面向产出的。

2018 年专业认证的通用标准中关于培养目标的描述体现为三个方面，一是目标的定位：有公开的、符合学校定位的、适应社会经济发展需要的培养目标。即目标的定位应明确服务面向专业领域、职业特征和人才定位。二是目标的预期：培养目标能反映学生毕业 5 年左右在社会与专业领域预期能够取得的成就。三是目标的合理性评价：定期评价培养目标的合理性，并根据评价结果对培养目标进行修订，评价与修订过程有行业企业专家参与。即培养目标等于目标定位＋目标预期。

（一）目标的定位与预期

目标的定位要求专业应明确服务面向和人才定位。我校服装设计与工程专业是在学校"扎根山东，面向全国，辐射周边，服务京津冀协同发展、一圈一带等国家和山东省发展战略，努力成为德州及周边区域具有显著影响力的先进技术转移中心、科技服务中心和技术创新基地"服务定位的指导下，结合区域经济和社会发展的需求，坚持我校服装设计与工程专业"校企互动、产教融合、协同发展、特色鲜明"的办学理念，建设成省内一流，国内领先的特色专业。

服装设计与工程专业培养目标：本专业适应国家改革发展要求，植根山东，服务京津冀，面向全国，培养具有良好的人文素养、职业道德和社会责任感，能系统运用服装设计与工程专业知识、理论和技能，具有较高的创新精神和较强的工程实践能力，能够在服装领域胜任服装产品设计与开发、工艺设计与加工、生产经营管理及商务贸易等方面工作的创新性应用型工程技术人才。

服装设计与工程专业学生毕业 5 年左右预期达到以下目标：

培养目标 1：具有工程数理化基本知识和服装设计与工程专业知识融会贯通的能力，能识别、分析和解决服装领域的复杂工程问题。

培养目标 2：能适应独立和团队工作环境，能在服装产品开发过程中的设计、生产、销售等团队中担任组织管理角色，能与同事、客户和公众有效沟通。

培养目标 3：具有良好的职业道德和较强的社会责任感，能够从人文、法律、环境、社会、国际合作等方面以宽广的系统视角进行工程实践。

培养目标 4：具有较高的创新意识和创新能力；能够通过继续教育或其他学习渠道获取新知识，实现专业能力和技术水平的提升。

（二）目标的合理性

培养目标制定或修订结束需要定期评价其合理性，即评价专业的目标期望与内外需求是否吻合，并根据评价结果对培养目标进行修订，评价与修订过程有行业企业专家参与。根据利益相关者（学校、毕业生、用人单位、教师）的需求进行评价，即评价学校发展对人才培养定位的要求是否准确，校友主流职业发展对学校教育的需求，应届生的职业期待对专业教育的需求，用人单位对人才发展潜力、专业技能、综合素质的需求。

（三）培养目标制定应注意的几个问题

1. 培养目标的表述一定要有针对性，能够反映学校的定位和专业的特色。

2. 培养目标的内容要清晰表述职业能力，并能与毕业要求建立对应关系。

3. 能够合理解释专业培养目标与学校定位、社会需求的关系。

4. 要有充分有效的内外需求调研与分析，要有依据。

5. 培养目标没有高低优劣之分，根据自己制定的标准来评价是否达成。

6. 培养目标制定要切合实际。

二　明晰支撑培养目标的毕业要求

（一）培养目标与毕业要求的关系

在工程教育专业认证标准中，培养目标是专业依据学校定位和利益群体的期望，制定出的毕业生毕业 5 年后能够达到的职业和专业成就的总体描述，即学生"做什么"，而毕业要求是学生毕业时的能力体现，即学生"有什么"。毕业要求是依据培养目标进行制定的。培养目标是胜任特定职业岗位所具备的特定能力；而毕业要求是发展职业能力所具备的基础能力。

表 4 - 3　　　　　　　　　　培养目标与毕业要求的异同

	对象	内容	时间	能力
培养目标	往届毕业生	定位发展	毕业 5 年左右	职业胜任能力
毕业要求	应届毕业生	能力构成	毕业时刻	职业准备能力

（二）毕业要求应反映的能力特征

工程教育专业认证通用标准中的 12 条毕业要求分别为：①工程知识②问题分析③设计/开发解决方案④研究⑤使用现代工具⑥工程与社会⑦环境和可持续发展⑧职业规范⑨个人与团队⑩沟通⑪项目管理⑫终身学习。

12 条毕业要求反映的是学生能做什么？反映的是学生的专业知识、技能和学以致用的能力。学生该做什么？反映学生的道德价值取向、社会责任和人文关怀。学生会做什么？反映学生应具备的综合素质和职业发展能力。

通用标准的 12 项毕业要求还体现了对现代工程师的能力素质要

求，其中体现学生与专业能力的是毕业要求1—5，体现学生工程素养的是毕业要求6—8，11，体现学生发展能力的是毕业要求9—10，12。从工程教育通用标准12条来看，一是工程教育核心问题是聚焦解决复杂工程问题的能力培养，解决复杂工程的能力培养贯穿于通用标准12条中；二是技术能力和非技术能力同等重要。现代社会发展对工程师提出了新的要求，不但要求工程师掌握专业知识和技能（是否会做），有较好的职业道德和正确的价值观（是否该做），还要考虑社会、环境、文化等外部条件的约束（是否可做），最后还要考虑社会经济效益等（是否值得做）。因此，现代社会对职业工程师提出了更高的要求。

表 4 - 4　　　　　　　**工程教育通用标准"12 条"内涵**

能力要素	标准 12 条
专业能力	工程知识—问题分析—设计开发—研究创新—使用工具（1—5）
工程素养	道德价值取向、社会责任和人文关怀、经济管理能力（6—8，11）
发展能力	沟通、合作、终身学习（9—10，12）
聚焦解决复杂工程问题的能力培养，解决复杂工程的能力培养贯穿于通用标准12条中	

（三）服装设计与工程专业毕业要求

服装设计与工程专业毕业要求要能够覆盖通用标准的12条毕业要求，能体现解决"复杂工程问题"的能力，能支撑专业培养目标，能体现本专业的特色。

1. 工程知识

能够将数学、自然科学、工程基础和服装设计与工程专业知识用于解决服装产品开发过程中设计、工艺与生产经营等服装领域的复杂工程问题。

2. 问题分析

能够应用数学、自然科学和工程科学的基本原理，识别、表达、并通过文献研究分析服装产品开发过程中复杂服装工程问题，以获得有效结论。

3. 设计/开发解决方案

能够针对市场需求提出服装产品开发方案，并考虑方案对社会、健康、安全、法律、文化以及环境的影响并进行改进，在设计环节中体现创新意识。

4. 研究

能够基于科学原理并采用科学方法对服装产品开发中的复杂工程问题进行研究，包括设计实验、分析与解释数据，并通过信息综合得到合理有效的结论。

5. 使用现代工具

能够针对服装产品开发中的复杂工程问题，开发、选择与使用恰当的技术、资源、现代工程工具和信息技术工具，包括对复杂工程问题的预测与模拟，并能够理解其局限性。

6. 工程与社会

能够基于服装工程相关背景知识进行合理分析，评价服装产品开发过程中问题的解决方案对社会、健康、安全、法律以及文化的影响，并理解应承担的责任。

7. 环境和可持续发展

能够理解和评价服装科技进步和服装产业链加工过程对环境、社会可持续发展的影响。

8. 职业规范

具有人文社会科学素养、社会责任感，能够在服装工程实践中理解并遵守工程职业道德和规范，履行责任。

9. 个人与团队

能够在服装相关的多学科交叉背景下的团队中承担个体、团队成员以及负责人的角色。

10. 沟通

能够就服装产品开发工程问题与业界同行及社会公众进行有效沟通和交流，包括撰写报告和设计文稿、陈述发言、清晰表达或回应指令。并具备一定的国际视野，能够在跨文化背景下进行沟通和交流。

11. 项目管理

理解并掌握服装工程管理原理与经济决策方法，并能在多学科环境中应用。

12. 终身学习

具有自主学习和终身学习的意识，有不断学习和适应发展的能力。

三　毕业要求对培养目标的支撑

本专业毕业要求对培养目标的支撑关系如表 4 – 5 所示。

表 4 – 5　　服装设计与工程专业毕业要求支撑培养目标的实现

毕业要求	培养目标			
	目标 1	目标 2	目标 3	目标 4
1. 工程知识	√			
2. 问题分析	√			
3. 设计/开发解决方案	√		√	
4. 研究	√		√	
5. 使用现代工具				√
6. 工程与社会			√	
7. 环境和可持续发展			√	
8. 职业规范		√	√	
9. 个人与团队		√		
10. 沟通		√		
11. 项目管理		√		
12. 终身学习				√

四　毕业要求指标点的分解

毕业要求指标点的分解可以将毕业要求细化为可衡量、可评价、有逻辑性和专业特点的指标点，可以引导教师有针对性的教学，引导学生有目的学习。教师能从指标点中找到本课程应承担的责任，知道如何组织教学，如何通过考核评价判定其达成状况。学生能从指标点中看出自己应具有的能力，知道如何通过作业、试卷、报告、论文等表达自己的相应能力。

　　面向产出的人才培养体系聚焦于"毕业要求"的达成。如何制定能够体现本专业人才能力特征的毕业要求？如何分解毕业要求，使之对人才培养真正具有导向作用？如何落实毕业要求，使之成为培养方案设计和实施的依据。

　　毕业要求细分为各指标点最重要的依据是各指标点有逻辑、可衡量，还需要体现解决"复杂工程问题"的能力，体现专业特色。

　　毕业要求指标分解的原则：

　　对于技术类指标：分解宜采用由浅入深的"纵向"分解方式，以便与学校现行的"基础/专业基础/专业"的课程分类方式匹配，符合教学规律和能力形成逻辑。

　　对于非技术类指标：一般没有层次概念，指标点分解的关键是"说清楚"相关能力的内涵，使该能力能够通过教学内容和教学方法来实现，教师可以采用合适的方法来考核评价。

　　依据服装设计与工程专业特点及发展定位，为有效进行课程目标和毕业要求的达成度评价，将专业认证通用标准中提出的 12 条毕业要求细分为 35 项指标点，如表 4 - 6 所示，其中指标点设置的依据是毕业要求以及本专业教学实施过程中各项教学活动和文件内容等。

表 4 - 6 　　　　　　　　　　　毕业要求及其指标点分解

毕业要求	指标点
1. 工程知识：能够将数学、自然科学、工程基础和服装设计与工程专业知识用于解决服装产品开发过程中的复杂工程问题	1.1 能够认知和理解数学、自然科学的概念、原理等知识 1.2 能够将工程基础知识和专业知识运用于表述服装领域的复杂工程问题 1.3 能够综合运用工程基础知识、专业知识分析和解决服装产品开发过程中的设计、结构、工艺等服装领域复杂工程问题，并能提出优化方案
2. 问题分析：能够应用数学、自然科学和工程科学的基本原理，识别、表达、并通过文献研究分析服装产品开发过程中复杂服装工程问题，以获得有效结论	2.1 能够应用数学、自然科学和工程科学的基本原理识别、判断服装产品开发过程中复杂工程问题的关键环节和重要参数 2.2 能基于科学原理正确表达服装产品开发过程中复杂工程问题的解决方案，并能通过文献研究提出多套解决方案 2.3 能够应用科学原理分析解决方案的合理性，提出方案修改意见，并最终获得有效结论

续表

毕业要求	指标点
3. 设计/开发解决方案：能够针对市场需求提出服装产品开发方案，并考虑方案对社会、健康、安全、法律、文化以及环境的影响并进行改进，在设计环节中体现创新意识	3.1 能够根据产品实际需求设计服装产品开发方案，进行服装结构设计、工艺流程等关键性技术参数设置，并能以图纸、报告或实物等形式呈现设计结果 3.2 熟悉服装产品设计与生产加工流程，具有较强的解决服装产品生产加工过程中问题的能力 3.3 能够在服装产品开发过程中运用计算机技术进行服装产品方案设计与改进，并体现创新思维和创新理念 3.4 能在社会、健康、安全、法律、文化以及环境等因素的约束条件下论证方案的可行性，并能不断优化设计方法
4. 研究：能根据服装领域的最新发展趋势，基于科学原理并采用科学方法对复杂服装工程问题进行研究，包括设计实验、分析与解释数据、并通过信息综合得到合理有效的结论	4.1 能跟踪服装领域最新发展趋势，通过文献研究和相关方法，针对需解决的服装产品开发过程中复杂工程问题，调研和分析解决方案 4.2 基于专业知识和理论，根据服装产品实际特征，选择合理的研究路线，设计可行的实验方案 4.3 能够正确采集、整理实验数据，并能对数据进行综合分析，并通过信息综合最终得出合理有效的结论
5. 使用现代工具：能够针对服装产品开发中的复杂工程问题，开发、选择与使用恰当的技术、资源、现代工程工具和信息技术工具，包括对复杂工程问题的预测与模拟，并能够理解其局限性	5.1 能够选择与使用文献检索工具、资源搜索工具，获取服装领域理论与技术的最新进展和资源 5.2 能够运用现代工程工具和计算机辅助设计工具，完成服装工程复杂问题的预测、模拟与仿真分析 5.3 能够对服装产品预测、模拟与仿真过程进行分析，并能理解其局限性
6. 工程与社会：能够基于服装工程相关背景知识进行合理分析，评价服装产品开发过程中问题的解决方案对社会、健康、安全、法律以及文化的影响，并理解应承担的责任	6.1 具有服装专业实习和社会实践经历，熟悉与服装相关的技术标准、知识产权、产业政策和法律法规 6.2 具有工程实习经历，能合理分析服装领域相关产品、技术和工艺开发的影响因素 6.3 能客观评价服装产品生产工程实践对社会、健康、安全、法律以及文化的影响，并理解承担的相应责任
7. 环境和可持续发展：能够理解和评价服装科技进步和服装产业链加工过程对环境、社会可持续发展的影响	7.1 能够知晓和理解环境保护和可持续发展的理念与内涵，熟悉环境保护的相关法律法规 7.2 理解服装行业与环境保护的关系，能够正确评价针对服装产业链加工过程对环境、可持续发展的影响

毕业要求	指标点
8. 职业规范：具有人文社会科学素养、社会责任感，能够在服装工程实践中理解并遵守职业道德和规范，履行责任	8.1 理解社会主义核心价值观，具有法律意识和社会责任感 8.2 具有人文科学素养，具有一定的思辨能力和科学精神 8.3 理解工程伦理的核心理念，了解服装工程师的职业性质和责任，在工程实践中能自觉遵守职业道德和规范
9. 个人与团队：能够在服装相关的多学科背景下的团队中承担个体、团队成员以及负责人的角色	9.1 能主动与其他学科的成员合作共事，履行职责 9.2 能完成团队分配的工作，且能与其他团队成员良好配合 9.3 能协调好项目组工作，组织团队成员有效开展工作
10：沟通：能够就服装领域的复杂工程问题与业界同行及社会公众进行有效沟通和交流，包括撰写报告和设计文稿、陈述发言、清晰表达或回应指令。具备一定的国际视野，能在跨文化背景下进行沟通和交流	10.1 具有基本的外语能力，能在跨文化背景下进行沟通和交流 10.2 具有一定的国际视野，能了解国内外服装行业的发展趋势，研究热点等 10.3 能够通过撰写报告和设计文稿就服装行业的工程问题与业界同行及社会公众进行有效沟通和交流，并听取反馈和建议，作出明确回应
11. 项目管理：理解并掌握服装工程管理原理与经济决策方法，并能在多学科环境中应用	11.1 理解并掌握工程管理原理和经济决策方法 11.2 能够将管理原理、经济决策方法运用到服装产品开发过程中
12. 终身学习：具有自主学习和终身学习的意识，有不断学习和适应发展的能力	12.1 具有自主学习和终身学习的意识 12.2 具备终身学习的知识基础，了解拓展服装领域知识和能力的途径，掌握自主学习的方法，具有不断学习和适应发展的能力 12.3 具备能够持续学习的体能和心理素质

第四节　人才培养课程体系构建

"产出"如何聚焦于"毕业要求"，关键是课程建设。课程体系如何支撑毕业要求？课程教学如何实现毕业要求？课程评价如何证明毕业要求的达成？评价结果如何推进课程持续改进？如何实现这些，需要课程体系能够对毕业要求形成支撑，即制定关联度矩阵，课程教学能够对毕业要求实现支撑，即制定课程教学大纲，课程考核能够对毕业要求证明支撑，即制定考核内容与评价。

一　课程体系设计的总体思路

毕业要求是课程体系构建的主要依据，课程体系是毕业要求得以实现的基石。根据本专业毕业要求的 12 项能力，对课程体系进行设计，使得毕业要求能力体现在本科 4 年的课程学习、工程实践和毕业设计中。为了保证毕业生最终达到毕业要求的能力，将毕业要求能力落实到具体的课程中，明确课程对毕业要求能力培养的贡献。构建的课程体系能够使本科生服装设计与工程专业相关能力得到逐步培养，使得毕业生最终具备对复杂工程问题进行分析、设计、实现、研究等专业能力以及个人与团队、沟通与交流、工程与社会等非技术性能力。

二　课程体系设计的原则

课程设置能支持毕业要求的达成，课程体系设计有企业或行业专家参与。课程体系必须包括：

第一，与本专业毕业要求相适应的数学与自然科学类课程（至少占总学分的 15%）。

第二，符合本专业毕业要求的工程基础类课程、专业基础类课程与专业类课程（至少占总学分的 30%）。工程基础类课程和专业基础类课程能体现数学和自然科学在本专业应用能力培养，专业类课程能体现系统设计和实现能力的培养。

第三，工程实践与毕业设计（论文）（至少占总学分的 20%）。设置完善的实践教学体系，并与企业合作，开展实习、实训，培养学生的实践能力和创新能力。毕业设计（论文）选题要结合本专业的工程实际问题，培养学生的工程意识、协作精神以及综合应用所学知识解决实际问题的能力。对毕业设计（论文）的指导和考核有企业或行业专家参与。

第四，人文社会科学类通识教育课程（至少占总学分的 15%），使学生在从事工程设计时能够考虑经济、环境、法律、伦理等各种制约因素。

表 4 – 7 课程类别比例

专业认证标准课程类别		标准要求
数学与自然科学类		至少 15%
工程及专业相关	工程基础类	至少 30%
	专业基础类	
	专业类	
工程实践与毕业设计（论文）		至少 20%
人文社会科学类		至少 15%

三 课程体系设置

（一）通识教育课程

1. 通识必修课程

该类课程至少修 40 学分，占总学分的 23.5%。

表 4 – 8 公共必修课指导性教学计划进程

类别	课程名称	总学分	各学期周学分分配								考核方式
			第一学年		第二学年		第三学年		第四学年		
			1	2	3	4	5	6	7	8	
公共基础平台课程	思想道德修养与法律基础	3	3								考试
	中国近现代史纲要	3		3							考试
	马克思主义基本原理	3			3						考试
	毛泽东思想和中国特色社会主义理论体系概论	5				5					考试
	形势与政策	2	0.25	0.25	0.25	0.25	0.25	0.25	0.25	0.25	考查
	大学英语	12	3	3	3	3					考试
	公共体育	4	1	1	1	1					考查
	大学生创业教育	2			2						考查
	大学生心理健康教育	2	2								考查
	大学生职业发展与就业指导	2						2			考查
	军事理论与训练	2									考查
	合计	40	11.25	7.25	9.25	9.25	2.25	0.25	0.25	0.25	

2. 通识选修课程

该类课程至少选修 10 学分，占总学分的 5.88%。

通识选修课程分 7 个模块，即：A 类：大学语文与应用写作类；B 类：传统文化、世界文明与文学艺术修养类；C 类：经济管理与法律类；D 类：科学技术、环境保护与可持续发展类；E 类：人际交往类与身心健康类；F 类，拓展提高与创新创业教育类；G 类，美育素养模块。其中，美育素养模块至少选修 2 学分，学生在校期间须修满 10 学分。

3. 数学、自然科学课程

该类课程至少修 25.5 学分，占总学分的 15%。

表 4 - 9　　　数学、自然科学课程指导性教学计划进程

类别	课程名称	总学分	各学期周学分分配								考核方式
			第一学年		第二学年		第三学年		第四学年		
			1	2	3	4	5	6	7	8	
数学、自然科学课程	高等数学 II—1	4	4								考试
	高等数学 II—2	4		4							考试
	线性代数 II	5	5								考试
	概率论与数理统计	4		4							考查
	大学物理 II	4			4						考查
	大学物理实验 II	0.5			0.5						考查
	普通化学	4	4								考查
	合计	25.5	13	8	4.5	0	0	0	0	0	

4. 工程基础、专业基础及专业课程

该类课程至少修 58.5 学分，占总学分的 34.3%。

表4-10　　**工程基础、专业基础及专业课程指导性教学计划进程**

类别	课程名称	总学分	各学期周学分分配								考核方式
			第一学年		第二学年		第三学年		第四学年		
			1	2	3	4	5	6	7	8	
工程基础课程	计算机基础	3		3							考查
	机械设计基础	3				3					考试
	工程制图	3			3						考试
	电工电子技术	3			3						考查
	工程力学	3					3				考查
	合计	15	0	3	6	3	3	0	0	0	
专业基础课程	图案设计	1.5		1.5							考查
	色彩设计	1.5		1.5							考查
	人体素描	1.5	1.5								考查
	中、外服装史	2	2								考试
	服装材料学	3			3						考试
	合计	9.5	3.5	3	3	0	0	0	0	0	
专业课程	服装结构	4			2	2					考试
	服装工艺	4				2	2				考查
	服装工艺CAD	2					2				考查
	服装工业制版	2					2				考查
	服装生产管理	2				2					考查
	服装人体工学	1					1				考查
	服装设计	3		3							考试
	立体裁剪	2					2				考查
	合计	20	0	3	2	6	9	0	0	0	
服装设计与工程专业从以下专业选修模块选定一个模块，并从该模块至少选4学分											
成衣设计与制作	创意成衣设计与制作	1.5						2			考查
	礼服设计与制作	1.5						2			考查
	中式服装设计与制作	1.5						2			考查
	针织服装设计与制作	1.5							2		考查
	童装设计与制作	1.5							2		考查
	内衣设计与制作	1.5							2		考查
	合计	9	0	0	0	0	0	6	6	0	

续表

类别	课程名称	总学分	各学期周学分分配								考核方式
			第一学年		第二学年		第三学年		第四学年		
			1	2	3	4	5	6	7	8	
服装面料再造	纤维艺术设计	1.5						2			考查
	手工针法	1.5						2			考查
	拼布设计与制作	1.5						2			考查
	印染设计与制作	1.5							2		考查
	服装面料创意表现	1.5							2		考查
	服装二次设计	1.5							2		考查
	合计	9	0	0	0	0	0	6	6	0	
服装信息化	3DMax 应用	1.5						2			考查
	PS 应用	1.5						2			考查
	服装设计 CAD	1.5						2			考查
	服装 ERP 系统及应用	1.5							2		考查
	服装企业信息化	1.5							1		考查
	服装三维虚拟设计	1.5							2		考查
	数字化服装定制	1.5							1		考查
	合计	10.5	0	0	0	0	0	6	6	0	
专业任选课程	服装设计与工程专业从以下课程中至少选 10 个学分										
	企业管理	2						2			考查
	专业英语	2				2					考查
	工程伦理	1							1		考查
	文献检索	1	1								考查
	科研方法与科技论文写作	1							1		考查
	贸易与实务	2							2		考查
	跟单实务	2							2		考查
	电子商务	2							2		考查
	服饰品牌策略	2						2			考查
	商品企划学	2						2			考查
	服装买手	2							2		考查
	市场营销	2							2		考查
	服装心理学	2						2			考查
	服饰美学	2					1.5				考查
	服装陈列设计	1.5							1.5		考查
	摄影	1.5							1.5		考查
	形象设计	1.5							1.5		考查
	服饰配件设计	1.5						1.5			考查
	时尚流行与预测	1						1			考查
	服饰搭配艺术	2		2							考查
	合计	34	1	2	0	2	1.5	10.5	16.5	0	考查

5. 集中实践模块

该类课程至少修 36 学分，占总学分的 21.2%。

表 4-11　　　　　　集中实践模块指导性教学计划进程

类别	课程名称	总学分	各学期周学分分配								考核方式
			第一学年		第二学年		第三学年		第四学年		
			1	2	3	4	5	6	7	8	
集中实践模块	军事技能	2	2								考查
	认知实习	1	1								考查
	服装材料学实验	1			1						考查
	服装人体工学实验	1						1			考查
	创新创业实践（职业装课程设计）	3						3			考查
	创新创业实践（男装课程设计）	2						2			考查
	写生	1		1							考查
	市场调研与预测	1							1		考查
	采风	2							2		考查
	生产实习	4						4			考查
	毕业论文（设计）	8							2	6	考查
	顶岗实习	10								10	考查
	合计	36	3	1	1	0	1	9	5	16	

四 课程设置与毕业要求的关联矩阵

表 4-12 至表 4-17 列出了公共基础平台课程、数学、自然科学、工程基础课程、专业基础、专业课程、专业选修课程等对毕业要求的支撑。

表4－12　公共基础平台课程对毕业要求的支撑

毕业要求 课程名称	1.1	1.2	1.3	2.1	2.2	2.3	3.1	3.2	3.3	3.4	4.1	4.2	4.3	5.1	5.2	5.3	6.1	6.2	6.3	7.1	7.2	7.3	8.1	8.2	8.3	9.1	9.2	9.3	10.1	10.2	10.3	11.1	11.2	11.3	12.1	12.2	12.3
马克思主义基本原理																							√	√													
毛泽东思想和中国特色社会主义理论体系概论																							√														
中国近现代史纲要																							√														
思想道德修养与法律基础																							√	√													
形势与政策																			√																		
大学英语1-4																														√							
公共体育1-4																										√	√	√									√
大学生创业教育																											√	√			√				√	√	√
大学生心理健康教育																																	√		√	√	
大学生职业发展与就业指导																																	√		√	√	
军事理论																																					√

表 4-13　数学、自然科学及工程基础类课程对毕业要求的支撑

毕业要求\课程名称	1			2			3				4			5			6			7			8			9			10			11		12		
	1.1	1.2	1.3	2.1	2.2	2.3	3.1	3.2	3.3	3.4	4.1	4.2	4.3	5.1	5.2	5.3	6.1	6.2	6.3	7.1	7.2	7.3	8.1	8.2	8.3	9.1	9.2	9.3	10.1	10.2	10.3	11.1	11.2	12.1	12.2	12.3
高等数学Ⅱ	√	√																																		
线性代数Ⅱ	√	√																																		
概率论与数理统计	√	√																																		
大学物理Ⅱ	√	√																																		
大学物理实验Ⅱ												√																								
普通化学	√	√																																		
计算机基础														√	√																					
机械设计基础				√	√																															
工程力学			√	√	√																															
工程制图			√	√	√																															
电工电子技术		√		√																																

表4-14　专业基础及专业课程对毕业要求的支撑

课程名称＼毕业要求	1.1	1.2	1.3	2.1	2.2	2.3	3.1	3.2	3.3	3.4	4.1	4.2	4.3	5.1	5.2	5.3	6.1	6.2	6.3	7.1	7.2	8.1	8.2	8.3	9.1	9.2	9.3	10.1	10.2	10.3	11.1	11.2	12.1	12.2	12.3
图案设计					∨																														
色彩设计					∨																														
人体素描					∨																														
中、外服装史					∨																														
服装材料学					∨		∨	∨																											
服装结构							∨	∨																											
服装工艺							∨		∨							∨																			
服装工艺CAD																∨																			
服装工业制版							∨	∨	∨																										
服装生产管理									∨	∨		∨																							
服装人体工学								∨				∨	∨																						
服装设计							∨				∨																								
立体裁剪							∨	∨			∨	∨																							

表4-15 集中实践模块课程对毕业要求的支撑

课程名称＼毕业要求	1			2			3				4			5			6			7		8			9			10			11		12		
	1.1	1.2	1.3	2.1	2.2	2.3	3.1	3.2	3.3	3.4	4.1	4.2	4.3	5.1	5.2	5.3	6.1	6.2	6.3	7.1	7.2	8.1	8.2	8.3	9.1	9.2	9.3	10.1	10.2	10.3	11.1	11.2	12.1	12.2	12.3
军事技能																																			√
认知实习																	√																		
服装材料学实验												√	√																						
服装人体工学实验										√		√	√																						
创新创业实践（职业装课程设计）																		√	√						√	√	√								
创新创业实践（男装课程设计）																			√						√	√	√								
写生																√	√								√	√	√								
市场调研与预测											√			√					√					√					√						
采风										√	√								√																
生产实习												√	√				√	√	√				√												
毕业论文（设计）												√	√				√		√					√						√					
顶岗实习																								√											

表4-16　专业选修课程对毕业要求的支撑

课程名称＼毕业要求	1.1	1.2	1.3	2.1	2.2	2.3	3.1	3.2	3.3	3.4	4.1	4.2	4.3	5.1	5.2	5.3	6.1	6.2	6.3	7.1	7.2	8.1	8.2	8.3	9.1	9.2	9.3	10.1	10.2	10.3	11.1	11.2	12.1	12.2	12.3
创意成衣设计与制作											√		√																						
礼服设计与制作											√		√																						
中式服装设计与制作											√		√																						
针织服装设计与制作											√		√																						
童装设计与制作											√		√																						
内衣设计与制作											√		√																						
纤维艺术设计											√		√																						
手工针法											√		√																						
拼布设计与制作											√		√																						
印染设计与制作											√		√																						
服装面料创意表现											√		√																						
服装二次设计											√		√																						

续表

毕业要求 \ 课程名称	1			2			3				4			5			6			7		8			9			10		11		12		
	1.1	1.2	1.3	2.1	2.2	2.3	3.1	3.2	3.3	3.4	4.1	4.2	4.3	5.1	5.2	5.3	6.1	6.2	6.3	7.1	7.2	8.1	8.2	8.3	9.1	9.2	9.3	10.1	10.2	11.1	11.2	12.1	12.2	12.3
3DMax应用												√	√		√	√																		
PS应用												√	√		√	√																		
服装设计CAD												√	√		√	√																		
服装ERP系统及应用												√	√		√	√																		
服装企业信息化												√	√		√	√																		
服装三维虚拟设计												√	√		√	√																		
数字化服装定制												√	√		√	√																		
企业管理																															√			
专业英语																												√	√					
工程伦理																					√			√										
文献检索											√			√																				
科研方法论与科技论文写作																							√											
贸易与实务																														√	√			
跟单实务																														√	√			

续表

课程名称＼毕业要求	1.1	1.2	1.3	2.1	2.2	2.3	3.1	3.2	3.3	3.4	4.1	4.2	4.3	5.1	5.2	5.3	6.1	6.2	6.3	7.1	7.2	8.1	8.2	8.3	9.1	9.2	9.3	10.1	10.2	10.3	11.1	11.2	12.1	12.2	12.3
电子商务																															√				
服饰品牌策略																															√				
商品企划学																															√	√			
服装买手																															√	√			
市场营销																															√	√			
服装心理学										√			√								√														
服饰美学										√			√							√	√														
服装陈列设计											√	√	√							√	√														
摄影												√								√	√														
形象设计																																			
服饰配件设计																																			
时尚流行与预测											√											√													
服饰搭配艺术												√										√													

表4-17　公共选修课程对毕业要求的支撑

毕业要求 课程名称	1			2			3				4			5			6			7			8			9			10			11			12		
	1.1	1.2	1.3	2.1	2.2	2.3	3.1	3.2	3.3	3.4	4.1	4.2	4.3	5.1	5.2	5.3	6.1	6.2	6.3	7.1	7.2	7.3	8.1	8.2	8.3	9.1	9.2	9.3	10.1	10.2	10.3	11.1	11.2	11.3	12.1	12.2	12.3
大学语文与应用写作、文学艺术修养类																							√														
传统文化、世界文明类																								√													
经济管理与法律类																	√															√	√				
美育课程																									√												
人际交往类与身心健康类																										√	√	√									
拓展提高与创新创业教育类																																		√	√	√	

五　课程地图

图4-19列出了服装设计与工程专业的课程地图，大学四年的课程、课程性质、课程的先后顺序等在地图中清晰的表现，很直观地使学生对整个专业的课程体系有了比较全面的认识。

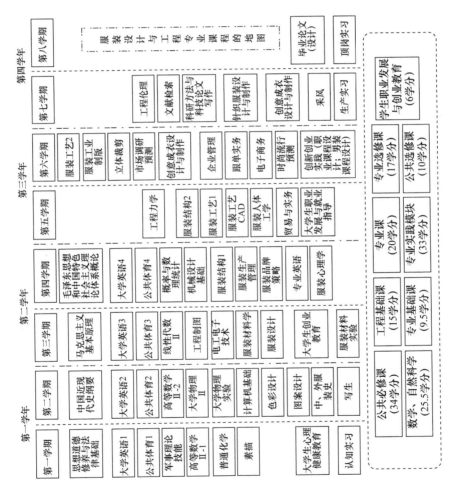

图4-19　服装设计与工程课程地图

第五章　工程教育背景下课程教学大纲的设计

第一节　工程教育背景下课程教学大纲的作用

工程教育背景下学生毕业时是否达到所设定的毕业要求，从而实现培养目标，最终要体现在整个课程的实施过程中。课程教学大纲是规范教师行为、指导学生学习的契约型文件，在整个校内课程实施过程中起着非常重要的指导作用。因此，课程教学大纲的制定是否合理、科学就显得尤为重要。课程在整个人才培养中的定位和作用见图 5-1。

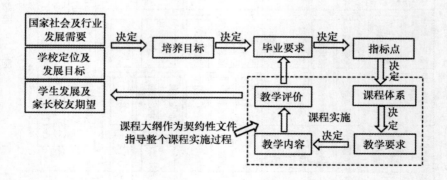

图 5-1　课程的地位和作用

传统课程的特点是围绕教学内容，强调课程知识的完整性、系统性，对于改进也只是教师根据课程情况进行适当的补充完善。传统课程的这种方式不能很好地支撑学生毕业时所达到的毕业要求。

　　工程教育认证的三大理念：成果导向、学生中心及持续改进。因此，工程教育背景下课程的特征要求必须符合这三大理念，即课程教学目标要指向毕业要求，学生在教学活动中应处于中心地位，基于课程目标达成度评价的持续改进。从工程教育认证的角度看，保证学生毕业时达到专业毕业要求是教学工作的核心目标。以学生为主体、教师为主导，学生的"学"是核心，学生"学到了什么"是关键，教师的"教"是指导，教师"教授了什么"只是一种手段，学生的"学"是"学生为中心"的核心体现。而"课程目标达成度评价"是持续改进的基础。因此，工程教育背景下的课程是围绕教学目标，强调以课程目标达成评价为基础的持续改进。图 5 - 2 给出了工程教育背景下课程的实施过程。

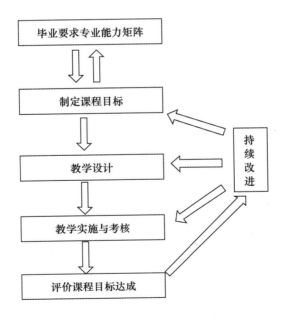

图 5 - 2　工程教育背景下课程的实施

第二节　工程教育背景下课程教学大纲的设计要素

一份完整的课程大纲至少应包括课程性质与任务、课程目标、课程目标与毕业要求指标的对应关系、教学内容与方法和课程目标的对应关系、课程考核与毕业要求的对应关系、本课程与其他课程的联系以及教材及教学参考书。下面以《服装工业制版》课程为例，探讨课程教学大纲的设计要素。

一　课程的基本信息

课程的基本信息应包括课程的中英文名称、课程代码、课程性质、学分/学时、考核方式、适用专业、开设院系等。《服装工业制版》课程信息见表 5 – 1。

表 5 – 1　　　　　　　　　　　课程信息

课程名称	服装工业制版	英文名称	Clothing Industry Pattern Making
课程代码	321205	课程性质	专业核心课、必修课
学分/学时	2/48	考核方式	考查课
适用专业	服装设计与工程	开设院系	纺织服装学院

二　课程性质与任务

课程的性质与任务主要是针对课程在整个专业课程体系中的地位、课程的主要内容以及通过课程学习，学生所应达到的目标等进行一个总体的描述。

示例：《服装工业制版》课程是服装设计与工程专业的核心课程之一，集服装设计、结构、成衣、材料于一体，以服装工业打版、工业推版、工业样版制作为主要内容的一门综合实用型课程。

课程通过比较全面系统地讲述服装工业制版中的基础知识及原理、典型款式的工业制版，并配合实践教学，使学生具备服装行业专业人才所需要的服装工业制版理论知识和技能，培养学生的样版、工艺以及相关生产技术的能力，严谨求学的科学态度和刻苦钻研的学习作风，良好的社会责任感和职业道德。通过学习工业制版技术分析和解决实际问题的方法，激发学生的求知欲望、探索精神，培养学生独立创新的意识。

三　课程目标

课程教学目标是由毕业能力、课程体系和课程特点共同决定的，教师只能根据课程特点通过细化毕业要求，形成课程目标。课程目标必须完全覆盖专业能力矩阵中的要求，可以适当扩展。课程目标的制定必须可考核、可测量。

示例：《服装工业制版》课程目标

目标1：能够运用服装制版、号型标准、工业推版的相关知识与原理进行女装原型的推版、并完成生产排料。

目标2：能够运用服装工业推板原理和技术进行典型款式如裙装、裤装、衬衫、西装及大衣等的工业制版，正确合理地分配数值，设置参数。

目标3：具有良好的沟通与交流能力。

目标4：能够对复杂服装款式进行深入研究，进行服装制版推板的新技术方法的探索。

四　课程目标与毕业要求指标的对应关系

课程目标与毕业要求指标的对应关系见表5-2。

表 5 - 2   **课程目标与毕业要求指标的对应关系**

序号	毕业要求	支撑毕业要求指标点	课程目标
1	毕业要求 1：工程知识：能够将数学、自然科学、工程基础和服装设计与工程专业知识用于解决服装产品开发过程中的复杂工程问题	1.3 能够综合运用工程基础知识、专业知识分析和解决服装产品开发过程中的设计、结构、工艺等服装领域复杂工程问题，并能提出优化方案	目标 1
2	毕业要求 3：设计/开发解决方案，能够针对市场需求提出服装产品开发方案，并考虑方案对社会、健康、安全、法律、文化以及环境的影响并进行改进，在设计环节中体现创新意识	3.1 能够根据产品实际需求设计服装产品开发方案，进行服装结构设计、工艺流程等关键性技术参数设置，并能以图纸、报告或实物等形式呈现设计结果 3.2 熟悉服装产品设计与生产加工流程，具有较强的解决服装产品生产加工过程中问题的能力	目标 2
3	毕业要求 10：沟通：能够就服装领域的复杂工程问题与业界同行及社会公众进行有效沟通和交流，包括撰写报告和设计文稿、陈述发言、清晰表达或回应指令。具备一定的国际视野，能在跨文化背景下进行沟通和交流	10.3 能够通过撰写报告和设计文稿就服装行业的工程问题与业界同行及社会公众进行有效沟通和交流，并听取反馈和建议，作出明确回应	目标 3
4	毕业要求 12：终身学习：具有自主学习和终身学习的意识，有不断学习和适应发展的能力	12.2 具备终身学习的知识基础，了解拓展服装领域知识和能力的途径，掌握自主学习的方法，具有不断学习和适应发展的能力	目标 4

五 教学内容与方法和课程目标的对应关系

课程目标的实现要通过教学内容的实施，教学内容与方法和课程目标的对应关系见表 5 - 3。

表 5 - 3　　　　**教学内容与方法和课程目标的对应关系**

序号	教学内容与方法	学生学习预期成果	学时	支撑课程目标
1	第一章　服装工业制版 学习服装工业制版前的准备工作、工业样板中净板加放、工业样板技术标准 重点：成衣工业化生产样板的流程和工业样板毛板制作方法 难点：裁剪纸样和工艺纸样 教学方法：课堂讲授	会区别不同种类的裁剪纸样和工艺纸样，能掌握缝份加放的大小，会进行纸样的标记	4	目标1
2	第二章　国家服装号型标准及工业样板规格设计 学习标准概况、国标号型的内容、号型应用、其他国家号型简介、ISO 号型标准简介、各个国家服装号型对应关系 重点：国家服装标准的制定、服装号型的概念及内容 难点：服装规格的表示方法 教学方法：课堂教授、市场调研	能掌握国家标准号型的基本内容，会读表、查表，会区分不同国家号型的差别，且能正确理解不同国家男、女装号型的对应关系	4	目标1
3	第三章　服装工业推板原理及技术 学习工业推板原理、工业推板的依据和步骤、技术方法、女装原型推板、服装排料知识 重点：工业推板原理及步骤 难点：理解并运用推板原理 教学方法：课堂教授、实践演示	能正确表述工业推板的原理，能掌握工业推板的步骤，能独立完成女装原型的推板，正确分配档差。能运用工业生产排料的基本方法和规则	6	目标1
4	第四章　典型款式制版与推板 学习裙装、裤装、衬衫、西装、大衣等典型款式的工业制版与推板 重点：典型款服装制版数值的设置及档差数值的分配 难点：零部件及特殊部位的数值设置及档差的应用方法 教学方法：课堂讲授、案例分析、项目教学	会根据款式说明和规格尺寸完成裙装、裤装、衬衫、西装、大衣等典型款式的工业样板	30	目标2 目标3
5	第五章　服装制版推板技术应用 教学方法：小组讨论、文献调研	会根据当前流行趋势的变化和推板技术的发展进行制版与推板方法的探索	4	目标4

六 课程考核与毕业要求的对应关系

如何证明课程的目标已达成，需要通过期末考试、平时作业、平时表现等来实现。课程考核与毕业要求的对应关系见表5-4。各主要环节的评分标准见表5-5至表5-7。

表5-4 　　　　　　　　**课程考核与毕业要求的对应关系**

序号	课程目标（支撑毕业要求指标点）	评价依据及成绩比例（%）			成绩比例（%）
		平时作业	期末考试	平时表现	
1	教学目标1	10	20		30
2	教学目标2	10	40	5	50
3	教学目标3	5			5
4	教学目标4	5	5		10
	合计	30	65	5	100

表5-5 　　　　　　　　**平时作业评分标准**

教学目标要求	评分标准	权重（%）
教学目标1	平时作业主要考察知识的运用情况，以实操训练为主。未在规定时间内提交作业者，本次考试以零分计	10
教学目标2		80
教学目标3		
教学目标4		10

表5-6 　　　　　　　　**平时表现评分标准**

平时表现	评分标准（满分100分）			权重（%）
课堂讨论	发言正确	发言错误	不发言	70
	1次加5分	不加分	每次扣2分	
回答问题	积极回答	被动回答		30
	回答正确每次加5分，答错不得分	回答正确每次加3分，答错扣1分		

表 5 - 7　　　　　　　　　　　　　考试评分标准

教学目标要求	评分标准				权重（%）
	90—100	80—89	60—79	0—59	
教学目标1	能正确全面地描述服装工业制版前的准备事项，能掌握国家号型标准的主要内容，能完整地掌握服装工业推板的步骤，能独立完成女装原型的制版与推板，正确分配结构数值与档差。方法得当，线条圆顺能准确无误的描述出服装工业生产排料的基本方法和规则	基本能正确全面地描述服装工业制版前的准备事项，能掌握国家号型标准的主要内容，能完成女装原型的制版与推板，基本正确分配结构数值与档差。方法得当，线条圆顺。能描述出服装工业生产排料的基本方法和规则	能描述服装工业制版前的准备事项，能掌握国家号型标准的主要内容，能完整地掌握服装工业推板的步骤，能完成女装原型的制版与推板，正确分配结构数值与档差。能描述出服装工业生产排料的基本方法和规则	基本描述服装工业制版前的准备事项，能掌握国家号型标准的部分内容，不能独立完成女装原型的制版与推板，方法基本得当，线条圆顺。不能描述出服装工业生产排料的基本方法	20
教学目标2	能运用服装工业推板的原理和各种技术要求，进行典型款式的工业制版与推板。款式图主题突出，有较强的创意和实用性；细节清楚，结构完整，部件齐全；规格尺寸和档差的设定符合实际情况和款式需要；结构制图制版清晰，轮廓线及细节结构准确合理，制版尺寸标注清晰明了，部件齐全；推画尺寸准确，标注方向和数值，部件齐全，线条圆顺	能运用服装工业推板的原理和各种技术要求，进行典型款式的工业制版与推板，款式图主题较突出，有一定创意性和实用性，细节基本清楚，结构较完整，大的部件齐全；规格尺寸和档差的规定基本符合实际情况和款式需要；制版主图清晰，轮廓线及细节结构完整，尺寸有标注，主部件齐全；推画尺寸基本准确，有标注方向和数值，大的部件齐全，线条基本圆顺	能运用服装工业推板的原理和各种技术要求，进行典型款式的工业制版与推板，款式图主题较突出，结构基本完整，部件有遗漏；规格尺寸和档差的规定基本合适；结构制图制版完整，有较完整的轮廓线及细节结构，有制版尺寸标注和零部件；推板图推画尺寸有小错误但大尺寸准确，标注方向和数值有小错误，部件尺寸有误，线条完整不圆顺	能运用服装工业推板的原理和各种技术要求，进行典型款式的工业制版与推板，款式图主题不突出，创意和实用性差；款式图细节不清楚，结构不完整；规格尺寸和档差的规定不符合实际情况和款式需要；制版混乱，轮廓线及细节结构不准确，无制版尺寸标注，部件不齐全；推画尺寸不准确，无标注方向和数值，大部件缺乏，线条不完整	70

续表

教学目标要求	评分标准				权重（%）
	90—100	80—89	60—79	0—59	
教学目标3	能发现新的服装款式并主动了解制版推板新技术，进行制版与推板的深入研究	能发现新的服装款式，对制版推板新技术进行一定的了解，能主动进行研究	能发现新的服装款式，对制版推板新技术了解不够，能在团队带动下进行研究	不能发现新的服装款式，对制版推板新技术不了解，不能主动进行研究	10
					100

第三节　工程教育背景下课程教学大纲的修订机制

专业课程教学大纲要按照学校有关课程教学大纲相关管理规定进行定期修订和审查工作。教学大纲在教学过程中要接受学生、教师、同行、督导和领导的跟踪评价，评价结果作为下一轮修订教学大纲的依据。课程教学大纲修订流程见图5-3。

课程教学大纲是教学活动的纲领性文件，贯穿在备课、课程教学计划、课程教学执行、命题考核、课程目标达成分析等各个阶段。在每学期开学初，专业要检查任课教师的备课笔记、课程教学方案等是否满足课程教学大纲的要求；期中进行课堂教学听课检查，教学督导组不定期听课检查教学大纲的执行情况；考核命题审核、考核资料归档时专业负责人要审核考核是否按照教学大纲的要求执行。专业通过采取这些措施来保证各项教学工作按教学大纲的要求执行，从而为落实培养目标和毕业要求奠定了基础。

根据专业培养计划和课程体系结构设置，专业教学大纲的修订以课程与毕业要求的关联矩阵为依据，要求修订时应遵循以下原则：

（1）课程教学目标、教学效果定位准确，符合该课程与相关毕业要求指标点的对应，对学生有关知识、能力、素质的培养要求能支撑毕业要求的实现。

（2）教学内容充实合理，重点、难点突出，深度、难度、广度能够支撑课程教学目标的实现，能够反映相关领域的发展前沿。

（3）教学时数分配科学，注重课程之间的联系和交叉，与先修、后续课程内容上无脱节，无重复。

（4）考核方式和试题内容能有效地评价毕业要求的达成。

（5）选用近期出版的优秀教材，其中列出不少于3种的参考教材及资料。

（6）文字描述清晰、意义明确、名词术语规范、定义正确。

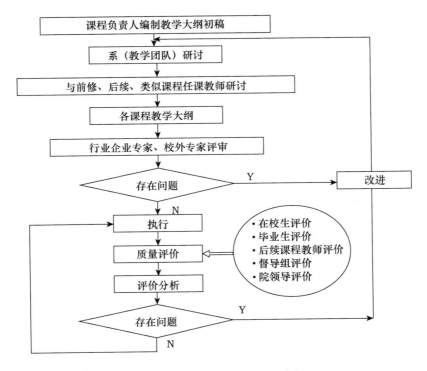

图 5-3　课程教学大纲修订流程

第六章　工程教育背景下教学过程质量监控及评价

第一节　教学过程质量监控机制建设

教学过程质量监控机制通过教学工作规范、教学过程管理、教学建设管理、教学环节监控和质量评价促进毕业要求的达成。服装专业在德州学院教学质量保障与持续改进体系框架下，以 OBE 教育理念为导向，开展相应的教学管理、质量监控、培养方案修订、评价和改进等工作，有效地保障本专业毕业要求的达成和持续改进。

一　教学过程质量监控的组织架构

在教学管理上实行校、院、系三级教学管理，形成了由学校统一领导，教学管理部门和教学主体单位负责，师生员工全员参与的管理模式，对教学准备、教学过程、教学效果等各教学环节进行有效的监督和控制，保证教学水平和人才培养质量持续提高。

教学过程质量监控组织系统包括学校主管领导、教务处、二级教学单位、系、教学管理人员以及学生信息员。同时学校和学院分别设立教学指导委员会对培养计划的制订（修订）、专业建设、实验室建设等重大工作进行审核和指导，设立校教学督导组和院二级教学督导组，开展日常教学的监督和指导工作，保障本科教学质量的稳定和提高。教学管理组织架构如图 6 - 1 所示，教学管理组织架构中各个部门及人员的职能，校院均有明确的规定。

（一）校级教学质量管理队伍

学校教学管理工作由校长全面负责，分管教学副校长主持日常教学管理工作，并通过职能部门，调配各种教学资源，实现各项教学管理目标。校级教学质量管理队伍由校教学指导委员会、校教学督导委员会、教务处和教学督导评价中心组成。

学校教学指导委员会：学校教学指导委员会是学校教学工作中重要事项的审议机构。学校教学指导委员会依据程序制定其章程并开展工作，学校教学指导委员会主任由校长委托分管副校长担任，其主要职能是：审议学校重要的教学改革、教学管理改革、教学基本建设项目；审核人才培养方案和教学计划，评审教学成果，指导教学评价；研究咨询学校的专业设置及调整方案；审议咨询学校委托的其他重要教育教学事项。

学校教学督导委员会：实施校、院（系）两级教学督导体制机制，建立校内、外专兼职相结合的专业化督导专家队伍。学校教学督导委员会作为学校教学督导工作的评估与咨询性重要机构，负责全校教学工作的宏观督导，向学校决策部门提供咨询建议。通过综合督导、专项督导和日常督导履行督教、督学、督管理职能。学院教学督导组是本单位教学督导机构，接受学校教学督导委员会的工作指导和检查，负责对本院的教学工作进行督导、检查和评价。

教务处：教务处是在校长和分管副校长的领导下，负责全校专业建设和教学与教务管理工作的职能部门，其主要职能是：全校教学工作的宏观调控与整体性管理；教学运行管理、实践教学管理和校内外实习、实训基地建设与评估工作；拟定学校教学发展规划，推进学校专业建设与改革，提出教学改革目标和方案，制订实施教学工作计划；组织实施人才培养模式改革、教学方法和手段改革、课程教学与信息化建设融合改革和教学评价改革；学校教学质量评估检查、教学督导与评估、学生评教和教师评学等工作。

　　教学督导评价中心：该中心是由分管副校长领导教务处参与的学校教学质量管理与建设工作部门，负责对学校教学秩序和教学质量状况进行监控，为学校深化教学改革、提高人才培养质量、反馈教学质量信息并提供持续改进建议；组织进行专业评估、审核评估、工程教育专业认证等；形成有效的内部质量保障体系，发挥督教、督学、督管、督建作用。

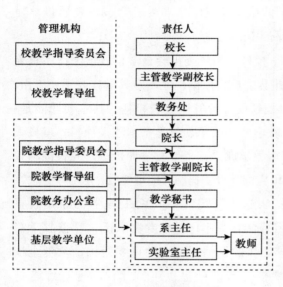

图6-1　校、院教学管理组织架构

　　（二）院、系级教学质量管理队伍

　　学院的教学工作由院长全面负责、教学副院长分管，教务办公室组织实施，学院教学指导委员会是学院教学最高决策机构。学院负责本单位教学工作的组织和管理，按照学校统一安排，制订各类教学建设规划和计划，组织修订专业培养方案、教学大纲等相关教学文件；组织教学建设项目申报、过程管理和验收；执行各项教学规章制度并开展日常教学管理与监控；做好教学资料的收集、整理和归档工作；建立院级教学质量持续改进机制。院、系级教学质量管理队伍由学院教学指导委员会、学院教学督导组、教务办公室、系（实验室）等组成。

　　学院教学指导委员会：学院教学指导委员会由院长担任主任委员，成员以各专业的教授为主体，兼有院领导、各系主任。其职责是对教学管理文件审核、教学过程监督评价、专业培养方案修订审核、课程体系调整审核；对学院专业建设和发展、教学建设、质量评估等提供咨询和建议；参与学院教学改革和教学质量评估、各类教学评优等，确保学院教学工作重要环节的问题都是集体决策解决。

学院教学督导组：学院教学督导组成员由本学院领导班子成员、优秀骨干教师组成。督导组成员教研经验丰富，熟悉教学规律、专业造诣深厚、工作认真负责、办事公正且享有较高威信。学院二级教学督导组负责对各专业日常教学过程进行教学质量督导和监控。主要包括理论和实践课程的不定期随堂听课、教学质量检查、参与教师座谈会，并根据督导过程中发现的问题及时提出持续改进建议。

教务办公室：教务办公室工作人员主要包括教学秘书，由分管教学副院长负责，组织贯彻落实学校有关教学方面的方针、政策和任务，承担学院各专业的日常教学管理和相应的质量监控工作；组织制订本科专业教学培养方案、教学计划、教学大纲，布置教学任务，安排开课教师，监督检查教学各环节的质量标准落实情况和教师工作规范执行情况，确保各项教学任务顺利完成，教学质量得到保证。

系：系是学院依据专业属性设置的基层教学管理单位，系在系主任带领下落实学校及学院各项教育教学改革政策，推进教学水平提升、人才培养质量提高、教学建设、实践教学改革等工作。系的任务具体包括：制订和落实本系教学工作计划，不断完善专业课程体系并实施和落实。系同时需组织师资的培养、提高及提出补充、调整的建议；加强相关实验室、资料室的基本建设指导等；负责本系教学建设探讨并组织实施，不断提高教学质量和学术水平。

实验室：实验室是实践教学的重要场所，实验室主任负责实验室建设与规划；根据每学期教学计划的安排，制订实验计划，管理实验教学。实验室老师负责实验室的安全、日常管理与使用、设备更新与维护等工作。

二　教学过程质量监控机制建设

人才培养方案修订完善后，在实施的过程中，要严格遵照各教学环节的规范要求和相关的质量标准，精心组织教学，以产出为导向进行教学过程监控和教学质量评价。教务处对课程建设、教学质量、教学管理进行全程监督，学院将教学质量管理与监控贯穿到专业人才培养的全过程。

通过教学督导、教学检查、听课、师生座谈、校内自评、第三方评估、毕业生跟踪调查等形式全方位实行教学监控和质量评价。在监控和评价的基础上，将发现的问题实时反馈给教学主体，及时采取改进措施，进行整改总结，形成监控—评价—反馈—改进的闭环式教学过程质量管理运行机制。教学过程质量监控体系如图6-2所示。表6-1至表6-3列出了教学过程质量要求与评价、毕业生跟踪反馈机制和社会评价机制。教学过程质量监控机制运行于内循环，主要监控课程体系运行、教学活动质量以及课程目标实现程度。毕业生跟踪反馈机制运行于大循环，主要从毕业生的视角评估分析培养目标的达成情况。社会评价机制运行于大循环，主要从用人单位的视角评估分析培养目标的达成情况。

表6-1　　　　　　　　　**教学过程质量要求与评价**

教学环节	课堂教学、实验、实习、设计、指导
责任人	任课教师
质量要求要点	教学、课程考核、分析与改进
判定的基本依据及数据	教案、听课与督导、作业、试卷、成绩单、成绩与试卷、分析、意见征询
考核人	学校、学院、专业管理员、教师
考核周期	每学期或每学年
考核方法	听课、成绩分析、征询意见、打分
结果应用	教学改进、任课教师奖惩
形成的文档	各种结果及其分析、重要过程环节

表6-2　　　　　　　　　**毕业生跟踪反馈机制**

组织机构与人员	以专业为主、有专人负责
相关制度	毕业生跟踪反馈制度
工作方式	座谈、调查问卷
周期	至少一年一次，特殊情况临时增加
对象、覆盖面	毕业的学生，不是当年毕业的学生，有代表性和覆盖面
数据收集	围绕培养目标，调查达成情况，指标应客观；如何设计调查提纲很关键，提高可信度
数据整理分析	梳理出主要问题，分析原因，提出改进建议

表 6 – 3　　　　　　　　　　　　　**社会评价机制**

组织机构与人员	以专业为主、有专人负责 高等教育评估专业协会、行业协会或专业认证机构、社会组织、家长、毕业生等共同参与实施
相关制度	"第三方"评价制度
工作方式	座谈、调查问卷（如何设计很关键）
周期	至少一年一次，特殊情况临时增加
对象、覆盖面	面向用人单位、校友及其他校外利益相关方，要有代表性和覆盖面
数据收集	围绕培养目标，调查达成情况，如何设计调查提纲很关键，提高可信度
数据整理分析	梳理出主要，分析原因，提出改进建议

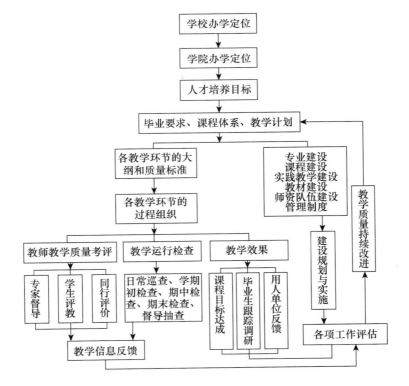

图 6 – 2　专业教学过程质量监控体系

第二节　毕业要求达成情况评价

毕业要求达成评价是指专业针对特定的毕业要求，基于学生在相关教学环节行为表现的考核结果，综合评价和判断全体学生的毕业要求达成情况，即大学结束时，学生真正拥有的能力。毕业要求达成评价机制是改进机制的重要组成，是基于产出评价的机制。评价的根本目的是改进，因为没有评价，就不知道该改什么，也就没有了改进的基础；没有对评价结果的分析和研究，改了也没有效果。因此先从学生考试和考核是否体现毕业要求做起，开始建立面向产出的评价方法，并努力形成机制。毕业要求达成评价运行于内循环，主要监控对毕业要求高支撑的课程以及毕业要求的达成情况。毕业要求达成情况评价工作流程见图6－3。

一　评价方法

评价对象为本专业设定的所有毕业要求和相应的各个分解指标点。评价采用定量分析和定性分析相结合的方法，依据对知识、能力等技术性指标采用课程考核成绩分析法进行评价，对于团队合作、沟通、工程职业道德等非技术性指标采用评分表分析法，对相关教学环节达成毕业要求的情况进行评价。

（一）课程目标达成度评价

根据学习课程的学生人数，将各课程目标包含的所有教学环节的达成度求和，计算每个课程目标的达成度，计算公式为：

$$d = \sum_{i=1}^{n} \frac{a_i}{b_i} c_i$$

其中，d—课程目标达成度

a_i—课程目标包含的第 i 个的教学环节平均分

b_i—课程目标包含的第 i 个的教学环节分值

c_i—根据课程大纲，该教学环节对课程目标支撑的权重

（二）毕业要求达成情况评价

根据所有支撑分项指标点的课程中对应的课程目标达成度评价结果计算分项指标点的达成度评价结果。如果一门课程中有两个以上的课程目标支撑同一个分项指标点，那么以课程目标达成度数值最小的作为该门课程支撑该项指标点的课程目标达成度。计算公式为：

$$D = \sum_{j=1}^{n} d_{jmin} k_j$$

其中，D – 毕业要求指标点达成度

d_{jmin} – 第 j 门课程对应该指标点的课程目标达成度的最小值

k_j – 该课程对毕业要求分项指标点的支撑权重

计算结果作为该毕业要求分项指标点的达成情况评价结果。以 D＞0.65 作为毕业要求达成的评判标准。

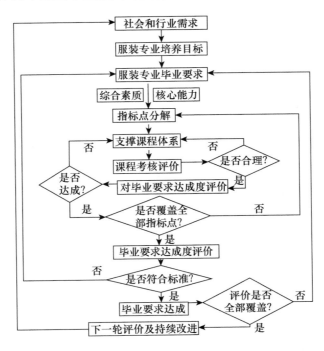

图 6 – 3　毕业要求达成情况评价工作流程

二　评价机构和人员

专业成立了服装设计与工程专业毕业要求达成情况评价工作小组作为评价机构。达成情况评价工作小组由课程负责人、专业负责人、系主任、教学副院长组成。评价过程的合理性、评价结果和分析的审定由院教学指导委员会完成。达成情况评价工作小组根据不同的评价活动指定教师或专门人员开展评价工作，参与评价的机构和人员的具体职责见表6-4。

表6-4　　　　毕业要求达成度评价机构和人员的具体职责

建立适合本专业的毕业要求指标点体系，并审核其合理性	达成度评价机构、专业教师
确定各项指标点的支撑教学环节以及权重的分配	授课教师、达成度评价机构
制定毕业要求达成度的评价方法	达成度评价机构、专业教师
确定数据收集来源以及各门课程的评价方法	授课教师
对各门课程的评价方式及依据进行合理确认	达成度评价机构
实施评价并收集数据	专业教师
根据评价结果分析并撰写报告，评价毕业要求达成度	达成度评价机构
根据毕业要求的达成情况进行教学体系及教学内容的持续改进	授课教师、达成度评价机构

三　评价周期及评价依据

根据德州学院制定的有关培养方案修订工作安排，本专业毕业要求达成度的评价周期为两年。课程评价周期为一年。

以培养方案确定相关教学环节（理论教学和实践教学环节）的考核材料作为评价依据，包括试卷、大作业、报告、课程设计、毕业设计、实验报告、课堂表现等。

四　评价结果

经过指标点达成度计算，得到每一项毕业要求的全部指标点的达成度，则该项毕业要求达成度就是取其全部指标点评价值的最小值。当该项毕业要求达成度的值大于达成度标准值 0.65 时，则该项毕业要求的评价结果是"达成"，否则为"不达成"。对未达成的毕业要求指标点，将结果反馈给支撑该指标点的课程，特别是支撑该指标点的课程目标达成度低于 0.65 的课程，要求提出整改方案。

五　毕业要求达成评价

（一）课程目标达成评价

课程目标达成评价从两个方面开展：①课程教学目标达成分析，任课教师在每学期课程结束后，统计分析班级或年级整体对课程教学目标的达成情况；②课程对毕业要求达成度分析，根据本专业毕业要求达成情况评价机制，对本专业核心课程对毕业要求达成度进行综合评价。针对分析中存在的问题，做持续改进措施，对存在的问题和改进情况进行周期性回馈分析，形成闭环式持续改进机制。

1. 课程教学目标达成分析

每学期课程考核结束后，任课教师针对试卷考核结果进行分析，完成《课程试卷分析表》，针对《课程考核命题审核表》中规定的各类考题对教学目标和效果的对应关系，逐题分析学生考核达成值，最后综合得到本课程考核的达成情况，结合课程目标达成标准完成课程教学目标达成分析。

对于非试卷类考核的课程，则根据设定的课程教学目标达成标准进行评价。所有课程在考核结束后均需完成课程总结，综合分析课程教学过程评价和考核分析的结果，对课程教学中存在的问题进行详细分析，并提出持续改进的措施。

以本专业《服装材料学》为例，其《命题审查表》《试卷分析表》中与课程目标达成评价相关的主要内容如表 6－5 和表 6－6 所示。

2. 课程对毕业要求达成度分析

依据对学生的考核结果（包括试卷、大作业、报告、设计等），进行课程对对应毕业要求指标点的达成度评价。课程对某条毕业要求指标点达成度的评价值计算方法：

$$评价值 = 目标值 \times \frac{样本中与该毕业要求指标点相关试题的平均得分}{样本中与该毕业要求指标点相关试题的总分}$$

以本专业学生的《服装材料学》课程为例，该课程对毕业要求指标点 2 - 2 达成的权重为 0.3（即目标值为 0.3），课程期末考核总分为 100 分，其中支持毕业要求指标点 2 - 2 的考核总分为 40 分，样本学生相关考题平均得分为 31.5 分。学生平时成绩平均分为 87 分，平时成绩在总评成绩中占 30%，期末成绩占 70%。则该课程对毕业要求指标点 2 - 2 的达成评价值为：

评价值 = 0.3 × ［（87 ÷ 100）× 0.3 +（31.5 ÷ 40）× 0.7］= 0.3 × 0.812 = 0.245

根据这一方法，逐项计算出该课程对其支撑的各毕业要求指标点达成的评价值，并总结课程考核和持续改进措施，形成课程对毕业要求达成度评价表如表 6 - 7 所示。

（二）支撑毕业要求指标点的教学环节

根据毕业要求评价机制的设定，首先确定用于毕业要求评价的教学活动，这些教学活动与产出密切相关，能够覆盖全体学生和大多数的指标点。必修的综合实践环节也全部用于评价毕业要求的达成。每一项毕业要求指标点由若干门课程支撑，根据课程内容和课程性质确定每门课程的支撑权重，结果见表 6 - 8。

表 6 - 5 《服装材料学》考核命题审核表中教学目标达成相关信息

课程名称		计划总学时		实验学时	
主讲教师		考试专业年级		考试人数	
命题教师		评分标准制定人		标准答案拟定人	
教考分离课程	□是 □否	考题来源		□题库 □非题库	

续表

课程名称		计划总学时		实验学时	
课程目标	目标 1：掌握服装用纤维、纱线、织物的种类、结构、性能及其对服装的影响 目标 2：能将纱线和织物的结构参数应用于服装性能分析中，能将服装材料的基本力学、透通、热学、光学、电学等性能应用于服装服用性能、产品质量问题的解决方案表述中 目标 3：对于给定的常用服装用纤维原料能选用正确的方法进行鉴别，掌握基本的服装保养知识，具备合理选择、使用服装面料和辅料能力				

	题目编号	考核目的	与课程目标的对应关系		
			目标 1	目标 2	目标 3
试卷信息	第 1 题	填空题：考核学生对知识点的掌握和理解程度	√		
	第 2 题	名词解释：考核学生对基本概念的掌握程度	√		
	第 3 题	选择题：考核学生对知识点的掌握和理解程度	√	√	
	第 4 题	简答题：考核学生对知识点的掌握和理解程度	√	√	
	第 5 题	综合应用题：考核学生综合运用和所学知识分析问题和解决问题的能力		√	√

表 6－6　《服装材料学》试卷分析表中教学目标达成分析相关信息

应考 人数		实考 人数		平均分		最高分		最低分		
90—100 A	85—89 A－	82—84 B＋	78—81 B	75—77 B－	71—74 C＋	66—70 C	62—65 C－	60—61 D	60 以下	
人数	%	人数	%	人数	%	人数	%	人数	%	人数 % 人数 % 人数 % 人数 % 人数 %

课程目标	课程目标达成度分析		
	对应考题	权重	达成度
目标 1：掌握服装用纤维、纱线、织物的种类、结构、性能及其对服装的影响	第 1 题	0.07	0.0595
	第 2 题	0.07	0.056

续表

课程目标	课程目标达成度分析		
	对应考题	权重	达成度
目标2：能将纱线和织物的结构参数应用于服装性能分析中，能将服装材料的基本力学、透通、热学、光学、电学等性能应用于服装服用性能、产品质量问题的解决方案表述中	第2题	0.05	0.039
	第3题	0.13	0.104
	第4题	0.13	0.0897
	第5题	0.15	0.102
目标3：对于给定的常用服装用纤维原料能选用正确的方法进行鉴别，掌握基本的服装保养知识，具备合理选择、使用服装面料和辅料的能力	第3题	0.1	0.075
	第4题	0.1	0.073
	第5题	0.2	0.156
存在问题及原因分析			
改进措施			

表6-7 　　　　　　　　　　**课程对毕业要求达成度评价**

课程支撑的毕业要求	达成目标值	评价值	课程教学目标、达成途径及评价依据
2.2 能基于科学原理正确表达服装产品开发过程中复杂工程问题的解决方案，并能通过文献研究提出多套解决方案	0.3	0.245	课程目标：1. 掌握服装用纤维、纱线、织物的种类、结构、性能及其对服装的影响。2. 能将纱线和织物的结构参数应用于服装性能分析中，能将服装材料的基本力学、透通、热学、光学、电学等性能应用于服装服用性能、产品质量问题的解决方案表述中 达成途径：多媒体教学、图片展示、实物展示、ppt演讲 评价依据：作业、课程考试
2.3 能够应用科学原理分析解决方案的合理性，提出方案修改意见，并最终获得有效结论	0.2	0.159	课程目标：①能将纱线和织物的结构参数应用于服装性能分析中，能将服装材料的基本力学、透通、热学、光学、电学等性能应用于服装服用性能、产品质量问题的解决方案表述中。②对于给定的常用服装用纤维原料能选用正确的方法进行鉴别，掌握基本的服装保养知识，具备合理选择、使用服装面料和输料的能力 达成途径：多媒体教学、图片展示、实物展示、ppt演讲、方案设计 评价依据：作业、课程考试

表6-8 毕业要求支撑课程权重系数

毕业要求指标点	课程	权重	目标值
指标点1.1	高等数学Ⅱ	0.2	1
	线性代数Ⅱ	0.1	
	概率论与数理统计	0.3	
	大学物理Ⅱ	0.1	
	普通化学	0.3	
指标点1.2	高等数学Ⅱ	0.2	1
	线性代数Ⅱ	0.1	
	概率论与数理统计	0.3	
	大学物理Ⅱ	0.1	
	普通化学	0.3	
指标点1.3	机械设计基础	0.2	1
	工程力学	0.2	
	工程制图	0.3	
	电工电子技术	0.3	
指标点2.1	机械设计基础	0.2	1
	工程力学	0.2	
	工程制图	0.3	
	电工电子技术	0.3	
指标点2.2	图案设计	0.2	1
	色彩设计	0.2	
	人体素描	0.1	
	中、外服装史	0.2	
	服装材料学	0.3	
指标点2.3	图案设计	0.3	1
	色彩设计	0.3	
	人体素描	0.1	
	中、外服装史	0.1	
	服装材料学	0.2	
指标点3.1	服装结构	0.2	1
	服装工艺	0.2	
	服装工艺CAD	0.1	
	服装工业制版	0.2	
	服装设计	0.2	
	立体裁剪	0.1	

续表

毕业要求指标点	课程	权重	目标值
指标点 3.2	服装结构	0.1	1
	服装工艺	0.2	
	服装工业制版	0.2	
	服装生产管理	0.3	
	立体裁剪	0.2	
指标点 3.3	服装工艺 CAD	0.2	1
	服装设计 CAD	0.3	
	PS 应用	0.2	
	服装三维虚拟设计	0.3	
指标点 3.4	服装生产管理	0.3	1
	服装人体工学	0.3	
	服装人体工学实验	0.2	
	采风	0.1	
	服饰配件设计	0.1	
指标点 4.1	市场调研与预测	0.2	1
	采风	0.1	
	毕业论文（设计）	0.3	
	创意成衣设计与制作	0.2	
	礼服设计与制作	0.2	
指标点 4.2	服装人体工学	0.1	1
	服装设计	0.2	
	立体裁剪	0.2	
	服装材料学实验	0.1	
	服装人体工学实验	0.1	
	毕业论文（设计）	0.3	
指标点 4.3	大学物理实验 II	0.1	1
	服装人体工学	0.1	
	服装材料学实验	0.2	
	服装人体工学实验	0.2	
	毕业论文（设计）	0.4	
指标点 5.1	计算机基础	0.2	1
	市场调研与预测	0.4	
	文献检索	0.2	
	科研方法与科技论文写作	0.2	

续表

毕业要求指标点	课程	权重	目标值
指标点 5.2	计算机基础	0.2	1
	服装工艺 CAD	0.2	
	服装设计 CAD	0.3	
	PS 应用	0.2	
	服装三维虚拟设计	0.3	
指标点 5.3	服装工艺 CAD	0.2	1
	服装设计 CAD	0.3	
	PS 应用	0.2	
	服装三维虚拟设计	0.3	
指标点 6.1	认知实习	0.3	1
	创新创业实践（职业装课程设计）	0.3	
	创新创业实践（男装课程设计）	0.3	
	写生	0.1	
指标点 6.2	创新创业实践（职业装课程设计）	0.2	1
	创新创业实践（男装课程设计）	0.2	
	生产实习	0.3	
	顶岗实习	0.3	
指标点 6.3	创新创业实践（职业装课程设计）	0.1	1
	创新创业实践（男装课程设计）	0.1	
	市场调研与预测	0.2	
	生产实习	0.3	
	顶岗实习	0.3	
指标点 7.1	形势与政策	0.3	1
	服装心理学	0.2	
	服饰美学	0.2	
	服装陈列设计	0.2	
	摄影	0.1	
指标点 7.2	工程伦理	0.3	1
	服装心理学	0.2	
	服饰美学	0.1	
	服装陈列设计	0.1	
	服装生产管理	0.3	

续表

毕业要求指标点	课程	权重	目标值
指标点 8.1	马克思主义基本原理	0.3	1
	毛泽东思想和中国特色社会主义理论体系概论	0.2	
	中国近现代史纲要	0.2	
	思想道德修养与法律基础	0.3	
指标点 8.2	马克思主义基本原理	0.3	1
	思想道德修养与法律基础	0.3	
	科研方法与科技论文写作	0.2	
	时尚流行与预测	0.2	
指标点 8.3	生产实习	0.3	1
	顶岗实习	0.3	
	工程伦理	0.4	
指标点 9.1	大学生创业教育	0.2	1
	创新创业实践（职业装课程设计）	0.3	
	创新创业实践（男装课程设计）	0.3	
	写生	0.2	
指标点 9.2	大学生创业教育	0.2	1
	大学生心理健康教育	0.1	
	创新创业实践（职业装课程设计）	0.3	
	创新创业实践（男装课程设计）	0.3	
	写生	0.1	
指标点 9.3	大学生创业教育	0.2	1
	大学生心理健康教育	0.1	
	创新创业实践（职业装课程设计）	0.3	
	创新创业实践（男装课程设计）	0.3	
	写生	0.1	
指标点 10.1	大学英语	0.5	1
	专业英语	0.5	
指标点 10.2	市场调研与预测	0.5	1
	专业英语	0.5	
指标点 10.3	大学英语	0.3	1
	毕业论文（设计）	0.4	
	专业英语	0.3	

续表

毕业要求指标点	课程	权重	目标值
指标点 11.1	企业管理	0.4	
	市场营销	0.3	1
	贸易与实务	0.3	
指标点 11.2	企业管理	0.3	
	市场营销	0.4	1
	贸易与实务	0.3	
指标点 12.1	大学生创业教育	0.5	
	大学生职业发展与就业指导	0.3	1
	拓展提高与创新创业教育类	0.2	
指标点 12.2	大学生创业教育	0.3	
	大学生职业发展与就业指导	0.5	1
	拓展提高与创新创业教育类	0.2	
指标点 12.3	公共体育	0.3	
	大学生心理健康教育	0.3	1
	军事理论	0.2	
	军事技能	0.2	

以毕业要求 3 为例，进行毕业要求达成度评价。评价结果见表 6 - 9。

表6-9 毕业要求3达成情况

名称		考核方式	权重值	目标值	最低评价值	贡献值	指标达成值	毕业要求达成值
3-1-1	服装结构	实践作业、课程考核	0.2		0.735	0.147	0.7658	0.7314
3-1-2	服装工艺	实践作业、课程考核	0.2		0.782	0.1564		
3-1-3	服装工艺CAD	实践作业	0.1	1	0.707	0.0707		
3-1-4	服装工业制版	实践作业	0.2		0.798	0.1596		
3-1-5	服装设计	实践作业、课程考核	0.2		0.764	0.1528		
3-1-6	立体裁剪	实践作业	0.1		0.793	0.0793		
3-2-1	服装结构	实践作业、课程考核	0.2	1	0.812	0.0812	0.7674	
3-2-2	服装工艺	实践作业、课程考核	0.2		0.827	0.1654		
3-2-3	服装工业制版	实践作业	0.2		0.834	0.1668		
3-2-4	服装生产管理	作业、课程考核	0.2		0.678	0.2034		
3-2-5	立体裁剪	实践作业	0.2		0.753	0.1506		

续表

名称		考核方式	权重值	目标值	最低评价值	贡献值	指标达成值	毕业要求达成值
3-3-1	服装工艺 CAD	实践作业	0.2		0.735	0.147	0.7314	0.7314
3-3-2	服装设计 CAD	实践作业	0.3		0.767	0.2301		
3-3-3	PS 应用	实践作业	0.2	1	0.738	0.1476		
3-3-4	服装三维虚拟设计	实践作业	0.3		0.689	0.2067		
3-4-1	服装生产管理	作业、课程考核	0.3		0.697	0.2091	0.7403	
3-4-2	服装人体工学	作业、课程考核	0.3	1	0.724	0.2171		
3-4-3	服装人体工学实验	实验	0.2		0.712	0.1424		
3-4-4	采风	报告	0.1		0.895	0.0895		
3-4-5	服饰配件设计	实践作业	0.1		0.821	0.0821		

第三节　评价结果的应用

不管是培养目标的合理性评价、还是毕业要求与课程目标的达成性评价，都是为了发现问题，目的是改进。所以建立人才培养 PDCA 闭环系统是持续改进的关键。PDCA 闭环与关键环节的关系见表6–10。

表6–10　　　　　　　　　PDCA 闭环与关键环节的关系

过程		内容	机制
P	计划	培养目标 毕业要求 课程体系与课程目标	分析、决策机制
D	实施	教师—学生 教学方式方法 教学条件	教学过程质量监控机制 定期评价机制 激励与约束机制
C	评价	培养目标的达成情况 毕业要求达成情况 课程目标达成情况	教学过程质量监控机制 毕业要求达成评价机制 毕业生跟踪反馈机制 社会评价机制
A	改进	信息分析整理归纳 改进的分析决策 改进的程序与方法、措施	决策机制 改进机制

评价结果一定要体现在持续改进上，才能真正实现人才培养的良性循环。图6–4给出了课程达成评价结果应用的校内小循环、毕业要求达成评价结果应用的校内大循环及培养目标合理性评价和达成评价的校外大循环系统。

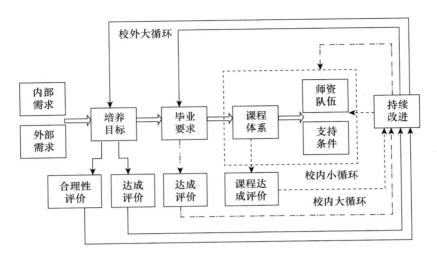

图 6 - 4 持续改进循环系统

第七章　工程教育背景下的课程启示及教学改革

第一节　基于成果导向的服装专业核心课程教学改革

改革发展、教育先行，在工程教育改革背景下研究课程建设，已成为当前一个极其重要的课题。服装设计与工程专业作为一个艺工结合的新工科专业，其核心课程包括：服装设计、服装结构、服装工艺。适合工程教育及新工科的核心课程教学改革，对于促进人才培养质量的提高有着极其重要的作用。

一　目前服装专业核心课程教学存在的主要问题

（一）课程知识体系内容陈旧，更新较慢

目前服装设计与工程专业核心课程所涉及的教材种类繁多，但或多或少存在一定的问题。有的教材侧重理论知识讲解，所选服装款式过于传统；有的教材侧重案例讲解，但知识点零散，不成体系；还有些教材内容陈旧，早已过时。这就使得学生难以对服装核心课程内容体系进行整体认识与掌控，难以跟上服装行业的发展。

（二）专业核心课程知识体系不完整

《服装设计》《服装结构》和《服装工艺》是服装设计与工程专业的三大核心课程，相互之间存在紧密的联系，是一个服装产品从设计到成品所涉及的几个重要环节。但之前三大课程之间内容相互独立，各自自成体系，脱节严重，不能形成一个完整的专业知识体系，使得学生的课程专业知识不能很好地衔接，难以在专业综合专题设计项目中灵活的运用所学知识。

（三）教学实施方式传统，不利于学生对知识的理解掌握

在专业课程教学的过程中，很多老师还是采用 PPT 理论讲解及静态图片展示的方式，枯燥乏味的上课方式，使得学生只能被动地接受知识，难以深入理解和掌握，更不利于发挥主观能动性和激发创新思维，有悖于"以学生为中心"教育理念。

（四）实践设施缺乏，实践环节简化，实践效果不佳

服装设计与工程专业是一个实践性很强的工科专业，所涉及的核心课程都是具有很强实践内容的专业课程。而过去的教学，教师更注重于理论知识的传授，加上实践设备的缺乏，使得实践环节简化，很多学生实践项目的参与度不高，没有引发很好的专业兴趣，实践效果不佳，不利于专业知识的深入理解。

二　成果导向教育理念 OBE （Outcome-Based Education）

成果导向教育是工程教育专业认证的三大核心理念之一，是 1981 年由斯帕迪（Spady）率先提出的。成果导向教育被认为是追求卓越教育的正确方向，《华盛顿协议》全面接受了 OBE 理念。"OBE"是指教学设计和教学实施的目标是学生通过教育过程最后所取得的学习成果。在理念上，是一种"以学生为本"的教育哲学；在实践上，是一种聚焦于学生受教育后获得什么能力和能够做什么的培养模式；在方法上，要求一切教育活动、教育过程和课程设计都要围绕实现预期的学习结果来开展。

三　核心课程教学改革

为了解决存在的问题，服装设计与工程专业核心课程教学改革基于成果导向教育，以学生为本，通过教学设计和教学实施，来实现预

期的教学效果，从而达到课程教学目标。具体改革思路如下：

（一）明确课程在培养目标的地位，科学合理的设置课程目标

《服装设计》《服装结构》《服装工艺》是高等教育服装设计与工程专业的三大专业核心课程，《服装设计》主要通过学习服装创意、服装款式设计、服装色彩、服装图案的基本理论、基本知识，系统掌握服装设计基础理论、并能够灵活运用基础理论进行女装、男装、童装的设计。《服装结构》通过学习服装结构的基本理论、基本知识，学生能够理解服装整体与部件结构设计、相关结构线吻合等原理，系统地掌握典型款式服装结构设计及制图。《服装工艺》通过学习服装缝制工艺的基本理论、基本知识，系统掌握典型款式服装的裁剪与缝制的具体步骤及工艺方法。

表 7 – 1 　　　　　　　　　　　**核心课程课程目标**

课程	课程目标
服装设计	目标 1：认知不同类别服装的变化原理、理解服装比例关系、熟悉服装平面结构图的绘制技巧、具有一定的美学鉴赏能力、掌握服装设计的基本原理和方法，熟悉现代设计知识
	目标 2：能够运用服装设计造型要素、服装设计的美学原理等基础知识，对于给定的设计主题发挥自己在服装设计方面的创新能力，综合运用服装的创意方法进行服装设计
	目标 3：能够运用计算机辅助工具独立绘制不同类别服装设计效果图、平面结构图
服装结构	目标 1：能合理选择服装结构平面构成，对于给定的典型服装款式能运用正确的方法进行结构设计与制图
	目标 2：能掌握服装结构基本理论知识与基本原理，并能够运用这些相关概念和原理分析服装工程中典型款式的男、女装整体结构问题
	目标 3：能识别、判断人体关键点及关键线，能将典型服装构成方法、整体结构的平衡、结构线的吻合、部件结构设计及省道转移等应用于服装结构设计中，能够识别、判断服装工程问题中的服装结构、裁剪方法等关键环节和参数

续表

课程	课程目标
服装工艺	目标1：掌握服装缝制工艺的基本理论、基本知识，能将有关的基本概念、基本理论应用于服装领域中，分析服装工程中的单件服装的缝制工艺问题
	目标2：掌握典型服装的裁剪与缝制的具体步骤及工艺方法。能够识别、判断服装工程问题中典型服装的裁剪方法、缝制工艺等关键环节和参数
	目标3：具有对典型服装进行成品检验的能力。能够采用正确的方法分析和鉴别典型服装等服装成品，并熟悉它们的检测方法
综合设计	能够运用设计、结构、工艺有关知识解决复杂服装工程问题

（二）课程教学内容的整合与衔接

将专业核心课程的知识体系内容进行重新整合与优化，去除陈旧的、重复的知识，在注重知识衔接基础上进行服装设计、服装结构、服装工艺三大课程一体化设计，使其形成一个完整的专业教学内容体系。

（三）改革课程教学实施方式，强化学生对知识的掌握

课堂教学仍然是必不可少的一个重要环节，系统的理论知识内容还是需要课堂教学的实施来完成。因此课堂教学的质量尤为重要。为了提高课堂教学的效果，专业核心课程采用小班化教学的模式。课程教学形式方面也一改之前满堂灌的方式，形式灵活多样。

第一，专业核心知识采用课堂教学的方式。借助"学习通" App，开课之前让学生扫码进课堂，实现电子考勤，不但节省了课堂时间，还能引发学生兴趣。辅助于多媒体教学手段，利用投屏功能将讲课内容投放到大屏幕，同时推送到学生手机端，形式的改变使学生能够对专业知识学习产生兴趣，不再觉得枯燥。学习期间有任何问题可以利用弹屏功能及时提出，教师就可以进行进一步的讲解。这种师生间的互动更容易实现，有助于教师随时了解学生的学习进度及程度，能够随时调整讲课进度及深度，更有利于学生预期学习目标的实现。

第二，基础的理论知识采取在线课程的方式。整合几门课程的基础理论内容，形成适合在线课程的知识点体系，通过在线的形式让学生自主学习。这样学生可以合理利用自己的时间进行自主学习，实现了被动学习变主动学习。还可以利用一些视频弹题、章节测试及讨论区互动，对于正确做出题目或积极发帖参与讨论的同学进行红包或礼品奖励，提高学生的积极性。

第三，对于实践技能部分，主要利用校内外实训场所，通过校企融合的方式进行实践教学的实施。在专业核心课程实践技能部分深度推进校企合作，引入企业实际案例，内容覆盖从用户需求、产品设计、研发到生产制造等关键性环节，实现从课程实践作品到研发任务的教学成果转化。这种贴近市场实际的实践教学，可以培养学生充分利用创新性思维与工程思维的结合，增强创新研发实践能力，提升自身专业素养和市场竞争力。

第四，专业课程教学团队积极设计研发《服饰图案应用虚拟设计系统》《拼布应用虚拟设计系统》《服装虚拟试衣系统》《口袋的虚拟缝制系统》等虚拟实验教学项目，通过 VR 实验室和相关教学资源的引入，将传统的教学模式转变为 VR 教学模式，在传统的服装专业课程教学体系和内容上辅以虚拟现实教学设备和相适应的教学资源，实现学生在教室即可以体验又可以交互操作高度仿真的教学场景，以体验式、实践式、沉浸式的手段提升教学效果，创新实践教学方式，使得虚拟现实教学真正的助力和落地于常规化课堂和实训教学，快速提高课程教学效果。

（四）课程考核与评价

专业核心课程（服装设计、服装结构、服装工艺）的考核要能评价学生学习成果的达成度，从而实现课程目标的达成。考核采用每门课程单独考核和综合考核相结合的方式。

每门课程的考核采用过程性考核及终结性评价的方式，过程性考核主要是平时成绩 + 作业成绩，平时成绩包括出勤、课堂表现等，作业成绩主要是平时的作业考核。终结性评价主要是由期末考试考核，包括理论测试和课程实践测试。所占比例为：课程成绩 100% ＝ 过程性考核 40%（平时成绩 10% ＋ 作业成绩 30%）＋ 终结性评价 60%（理论测试 30% ＋ 课程实践测试 30%）。该部分考核能够有效地评价学生对课程学习效果的达成情况，实现课程目标，从而支撑毕业要求的达成。

综合考核主要是利用这些专业核心课程所学的知识进行综合项目设计的考核，主要以能够解决服装专业复杂工程问题为目的进行项目设计，采用小组合作形式，充分考虑各种因素进行综合实践项目的设计。综合考核评价主要包括教师评价和学生评价。教师评价环节主要由校内专业教师及企业实践导师组成，学生评价分为学生自评（小组内）及小组互评的方式。评价内容主要是综合项目设计成果及有关设计思路、过程、遇到的问题、解决方法等的 PPT 讲演。所占比例为：综合考核评价 100% ＝ 教师评价 60%（校内专业教师 30% ＋ 企业导师 30%）和学生评价 40%（学生自评 20% ＋ 小组互评 20%）。

在深入分析服装设计与工程专业核心课程存在问题的基础上，本着"以生为本"的教育理念，基于成果导向合理设计课程目标，整合课程教学内容，注重课程之间的知识衔接，改革课程教学实施方式，强化学生对知识的掌握，改革课程考核方式，有效促成课程目标的达成。通过课程改革，学生的课程学习积极性提高，能够主动的完成理论学习并进行实践技能训练，学习效果取得很大成效。学生的实践动手能力和创新能力有了很大程度的提高。2018 年，在第十届中国红绿蓝纺织品设计大赛中花样设计组和面料改造组获得全国特等奖 1 项、一等奖 9 项，二、三等奖 100 余项；在教育部高校毕业生就业协会主办的全国应用型人才技能大赛服装创意设计比赛中获得一等奖 1 项，二、三等奖 20 余项。

第二节 工程教育背景下服装设计课程教学改革

服装设计是各高校服装与服饰设计专业理论与实践并重的核心课程。在服装行业里，服装设计位于服装结构设计与工艺设计之前，起到先导的作用。一方面，它为平面结构设计提供设计依据，引导进行服装结构内部、外部的结构设计；另一方面，它为工艺设计提供结构合理的设计样板，为制订工艺标准提供可行的依据。目前高等工程教育随着国家的一带一路的政策对人才的需求，需要有新的培养模式来适应我国高等工程人才的发展，这就对我国高等学校本科生的专业课程提出了新的要求，因此，把握和落实好新时期提出的新要求，将有利于进一步完善服装设计课程教学，提升教学质量。

一 工程教育对服装设计课程提出的新要求

工程教育要求专业课程体系设置、师资队伍配备、办学条件配置等都围绕学生毕业能力达成这一核心任务展开，并强调建立专业的持续改进机制，以保证专业教育质量和专业教育活力。

（一）理论与实践相互融合

服装设计与工程专业是培养具有系统的基础理论知识、服装设计与工程领域专业知识，具备工程实践能力和自我学习能力，并具有良好的职业道德、创新意识和社会责任感，能在生产一线从事服装产品设计、服饰品开发、质量控制和运行管理等方面工作的应用型人才。因此，课程教学模式需遵循理论与实践相结合的原则。服装设计在教学上强调理论与实践相融合，教学内容要紧跟行业发展及现状，及时掌握新工艺技术、新材料和新流行趋势，通过实践教学、理论教学等方式，逐步培养学生的实践和创造能力。

（二）强调提升学生专业能力

面对日益复杂化、专业化的工程问题，需要培养具有解决复杂工程问题的应用型人才。工程教育认证标准提出了工程知识、问题分析、设计、开发解决方案和使用现代工具等 12 条毕业要求。因此，服装设计课程要以提升学生专业能力为教学目标，整个教学过程和环节中秉持以学生为中心的教育理念，使学生掌握服装造型设计、服装结构设计、服装工艺设计，能够根据产品需要选择适合的面料、色彩和结构，重点培养学生运用知识分析问题和解决问题的能力，真正做到学以致用。

（三）课程持续改进机制

工程教育认证标准要求建立教学过程质量监控机制。各主要教学环节有明确的质量要求，通过教学环节、过程监控和质量评价促进毕业要求的达成；建立跟踪反馈机制以及社会评价机制，对培养目标是否达成进行定期评价，评价结果用于本专业的持续改进，从而不断提升教学质量。因此服装设计课程应建立常态化的沟通反馈机制，及时了解学生的学习情况和需求，并建立有效的评估和评价机制，重视教学改革，及时调整教学方法，从而持续改进教学效果，为学生达到毕业要求奠定基础。

二 服装设计课程中项目教学法的改革实践

（一）课程现状分析

从教学过程来看，服装设计课程在开始的第一章节，都会把带有共性的设计的概念、原理、特征等作为基础知识或者概述来讲，教学与实践是分开进行的，这种模式基本上是普通高等教育的翻版，不能完全体现服装设计与工程专业的特色。

从课程内容来看，服装设计课程目前也是以理论知识为主，实践仅被作为理论的应用和验证而置于次要位置。这些理论知识是从众多实践活动中抽离出来的，一旦脱离了与服装设计相关的职业活动或者工作任务，这些内容就显得很苍白，导致老师和学生都很困惑，觉得"教非所用，用非所学"，不能和服装行业技术接轨。具体的解释就是：教学大纲基本还是按照某本教材的内容和排列顺序作为参考，所教的内容也是从这些专业或权威的教材中抽取的，譬如：女衬衫的设计授课过程中以基本的款型设计进行讲解，但女衬衫在现今的时尚舞台上的变化非常丰富，有些讲授的设计款式已经是市场淘汰款型，因此如果只是停留在教学的层面，授课的内容可能很多年都没有发生变化，一旦学生进入企业，接触市场，顿感所学设计根本不能适应市场需求，最终导致目前的这种状况。虽然通过近几年的改革，教学内容相对灵活，实践教学的比例增大，但并没有从根本问题上解决理论和实践的整合问题，这种割裂状态，很难培养出融理论和实践于一体的服装设计人才。

（二）课程改革的思路

1. 采用任务驱动的项目教学法

不强调学科体系下知识的系统性，而是设立项目任务，把这些所谓的共性的知识，还原到服装设计工作任务中去，让学生在完成某个服装设计任务的过程中学习和应用相关的服装设计知识。

2. 选择真实的服装设计任务实施

与企业服装结构岗位相对应，实行开放性的学习，根据课程项目的要求有针对性地展开理论讲授。以应用型实践训练为主，学生主导，充分强调"做中学"，完成真正贴近市场的服装产品。

3. 根据服装企业设计师岗位要求设计项目任务

打散知识学科体系，不再强调学科体系下的知识的系统性，使服装设计教学的目的性、针对性、真实性加强。把每个任务课题的知识点、技能点列出来，做到尽量细化；由简到难，易于学生逐步提高和理解。

4. 构建开放的学习环境

具体包括教学思想的开放、学习内容、过程、空间的开放、方式和教学评价的开放，全力构建开放的学习环境。促进学生的自主学习、合作学习，改变教师的教学行为，真正实现教学相长，促进了师生的相互提高。

（三）"四部式"服装设计课程结构

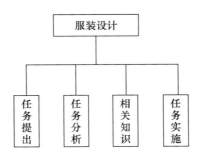

图7－1　"四部式"设计课程结构

第一，任务提出。任务目标明确，写出要学生做什么事情，或者认识什么；第二，进行任务分析。结合任务提出的具体要求，分析任务的条件，给出解决任务的思路，隐含所要学习的知识。老师的分析要精要，起到提纲挈领的作用，给予学生解决问题、思考问题的思路和方法；第三，学习相关知识。学习为完成此次服装设计任务需要掌握的有针对性的知识。知识点的选择及阐述要精练，选择任务实施必要的知识内容，要有清晰的脉络。知识的阐述要从应用的角度，结合任务需要去阐述，简化不必要的推导；第四，任务实施。任务实施是关键，是对任务分析中提出的真实任务的具体解决过程。尽量采用以图代文的表达方式，尽量使用结构图片，以及适量的线条清晰、准确的线条图，最好采用实体图或者照片图的形式表达清楚。

（四）评价考核方法

课程的考核应不以考试作为唯一评价手段，而应以学生的全面发展为核心。不以学生的书面成绩作为唯一评价标准，以学生在学习活动、实践过程中体现出来的参与积极性、主动性，克服困难的勇气和意志力，解决实际问题的技能和过程来综合衡量。教学结果不以完成教材教学任务为标志，激发学生课外进行进一步的研究和学习；不以学生掌握书本知识为终结，以学生灵活运用知识、迁移能力为衡量目标。

（五）教学方法与手段

采用现代化教学手段，制作精彩的教学课件，使授课内容更丰富，更直接，易于理解和掌握。充分开发和利用网络资源，开阔视野，搜集资料更有效率。在课堂教学中，贯穿项目教学法、讨论法、模拟与实战法、市场调研等，使服装设计理论与实践紧密结合。而在单元教学中，采取走出去与请进来的方式，让学生接触到一线服装设计的环境，听到一线服装设计师谈设计程序、要点、方法和体会。

（六）课程改革预期效果

第一，学生能在真实或仿真的环境中制作作品，按照"以能力培养为宗旨，以就业为导向，走产学研结合发展道路"的教育理念，努力创新服装设计课程的人才培养模式。

第二，接力产学融合项目，并通过与校外企业技术骨干合作完成服装设计课程目标和课程结构的调整，结合市场更新教学内容，同步进行课程资源的建设，完善课程管理与课程考核制度。

第三，完善课程校内外实训基地的建设，搭建好一个结构合理、功能完善、质量优良、能够调动学生自主学习积极性的课程教学平台，同步进行师资队伍的建设与教材建设。

（七）建议

第一，教师一定要抛弃过时的知识，使学生能够跟上时代的脚步。教学内容随着时尚和服装设计理念的变化而不断更新，课程教学对培养学生们的创新精神、创造性思维能力以及创新设计能力起着十分重要的作用。授课内容要反映时尚流行，体现服装设计的创新变化趋势，能与先进的产业技术接轨，是该课程教学的重要特性。

第二，对于学生而言，根据实际情况，尽可能的"项目＋市场"工学结合，充分利用学校和企业两种不同的教育环境和教育资源，提前进入职场，将在校的理论学习、基本训练与企业实际工作经历有机结合起来，在实际项目中学到知识，掌握技能，了解市场。

随着时代的发展，我国高校全面推行工程教育专业认证是大势所趋，有利于加强本科工程教育，提高人才培养质量，在这样的教育背景下服装设计的教学也要进行调整变化。根据工程教育专业认证标准，围绕服装设计课程的特点，结合现状，有目的地进行教学探讨有助于培养出符合时代要求，能够满足行业需要，具有发展潜力的服装设计人才。项目教学主要过程不是以教师教授为主，实践教学过程也不是以教师计划好的实践步骤进行，而是以学生自主学习、自主践行、自主操作作为主要教学过程。教师不是学生具体学习过程的主导者，而是指导者、引导者与协作者，是项目内容和项目计划的设计者，是动态教学的调控管理者。实施项目教学，学生的自主性强，自由度大，管理事物增多，学习质量评价出现多元综合复杂情况，符合工程教育专业认证要求，更能促进服装设计课程教学质量的提高。

第三节　审美与技能结合的纺织品设计课程改革

审美教育，即美育或美感教育，是指将美学观念、原则和方法引入教育，培养和提升教育对象的审美素养、品格情操、人生境界的教育。而马克思就认为美育是使人个性全面和谐发展的道路。我国也早已把美育与德育、智育、体育一起列入了我国的教育方针中，作为重要的素质教育组成部分之一，越来越多地受到了高等院校的重视。

为了适应国家科技发展的需要，为地方区域经济提供必要的技术支持，工科教育要进行有力的改革和创新，培养出多样化创新型的工程技术人才，所以工科学生的综合素质急待提高，而相关课程的教学改革地进行也是迫在眉睫。但是在很多工科专业的实际教学中，对于工程技术、技能方面的教学所占比重最大，而对于其他方面的素质培养重视程度不够，尤其是审美教育的发展是远远跟不上时代和社会的需要的。就以德州学院的纺织工程专业人才培养计划为例，四年的本科教育课程安排以通识类课程和专业课程为主，与审美教育直接相关的课程几乎没有，学生如果对这方面感兴趣的话，可以通过选修相关选修课来达到自我提高，但是全靠自觉。而纺织品设计这门课程是纺织工程专业的专业核心课程，也关系到学生未来工作中面临的实际问题，但是受到学生审美能力缺乏的限制，很难获得良好的教学效果。所以在纺织品设计课程中除了要注重提高学生织物设计的技能，还要加强对其进行审美教育，力争达到审美与技能相结合。这样也可以适应国家关于"新工科"教育的要求，培养出更适应行业和国家需要的高素质人才。

一 纺织品设计课程存在的问题

（一）教学内容侧重织物设计理论与技能，缺乏美学内容

纺织品设计课程在以往的教学过程中大多首先介绍织物设计的基本理论和方法，再结合不同原料的织物品种，依据其各自的风格特征进行有针对性的设计方法介绍，在设计方法中占有重要比例的是织造工艺参数的计算和设置。学生学习的重点也大多集中在什么样的工艺参数才能织出需要的织物，对于织物的色彩选择、图案设计等与美术相关的内容大多不重视或者无从下手。

（二）学生美学修养较薄弱，设计织物外观较困难

纺织品作为一种特别的工业产品，在功能和外观上都同样受到消费者的重视，特别俗语中有句话叫作"远看颜色近看花"来形容消费者是如何选购面料的，足以看出外观的重要性。但是纺织工程专业学生从高中起就主要学习理科课程，大学课程中又缺少艺术、审美的

相关课程，造成审美素质较差，但同时逻辑思维能力强，专业基础知识扎实，在纺织品设计的时候工艺技术和功能设计方面表现很好，在外观方面比较欠缺。

（三）学生的创新思维缺乏，设计思路狭窄

近年，大学生参加各种创新、创业训练或比赛已经成为一种现象。学生在比赛中获得实践的机会，也检验了自己的能力。全国关于纺织品设计的比赛也有很多，以往学生在参赛过程中经常出现无法自主设计出美观的组织图案的问题，而参考别人作品就缺乏了重要的创新性，造成很多学生即使对于织物织造参数计算准确、织造技术熟练也无法获得很好的比赛成绩。有学生被评委点评作品时指出织物配色不时尚就很能反映出一些问题。

（四）考核缺乏能体现审美素质的内容，影响评价

纺织品设计的作业和考试内容都主要集中在理论和计算，基本没有能够体现学生审美素质的内容。这样就造成教师对于学生的审美能力如何无法得到直接的反馈，也就不容易发现问题并及时调整。

总之，这些现存问题虽然在学校中看起来仅仅是教学中出现的一些问题给教师和学生带来了一些困扰，但实际上，根据对毕业后在纺织企业纺织品设计部门就业的学生的调查，发现普遍反映在课堂上所学的纺织品设计知识在工作中似乎并未找到真正的用武之地，当他们想设计一件新产品时，总是发现虽然公式运用得当，织物小样织得也没有瑕疵，但作品却总是很难得到客户赏识。所以，审美与技能的结合问题已经影响了学生的发展，需要得到重视。

二　对纺织品设计的新认识

（一）企业需求的变化

以前中国的纺织企业主要的盈利模式是依靠廉价的劳动力，降低用工成本，为外国企业做来样加工，那时的纺织品设计主要模式是仿制设计，主要的目的是做得像。现在随着国内外经济形势的变化，很多纺织

企业开始把企业重心转移到国内市场，而要占领市场，最主要的是创立自己的品牌。纺织品设计的主要形式开始转变为创新设计，方法不同，自然要求不同。单纯的织织缝缝已经不够了，要能从原料、工艺、功能、外观等多方面入手进行创新，审美素质的重要性不言而喻。

（二）学生需求的变化

以前的学生在学习的时候有很多目的性非常强，也就是为了在期末考试中取得好成绩。特别是在很多考研的学生看来，纺织品设计是一门不会在考研中出现的课程，马马虎虎考试及格就万事大吉了。现在随着学生更多地了解纺织工程专业，更多地了解就业情况，再加上创新竞赛的需要，学生也不再满足于简单的学习，对课程的要求就更多了，现有的教学内容和模式如果不变就无法适应学生的需要。

三　注重审美和技能结合的课程改革措施

（一）合理确定审美和技能结合的课程目标

一方面，对专业教师和学生进行调研，了解纺织品设计课程在纺织工程专业课程体系中所处的地位和重要性，并明确教师和学生对本门课程的实际需求。另一方面，对兄弟院校的相关专业进行调研，了解他们对于本门课程在教学中的定位和教学中遇到的问题。除此之外还要对纺织服装企业特别是企业的产品开发部门进行调研，了解作为人才需求端，他们对于学生专业知识和技能的需求。

学生面对织物设计时的无措，教师在教授课程时的艰难，企业对合格织物设计人才需求的迫切，都指向了纺织品设计课程现有的教学存在问题，特别是在审美方面的教育有一定的缺失。由此确定新的课程目标必须包含审美教育内容。

（二）调整教学内容，增加审美教育内容

学生的审美素质很难在短时间内得到大幅度的改善和提高，所以审美教育应贯穿于整门课程的教学内容中，潜移默化，逐步提高。例如在讲授织物典型品种时，无论是实物样品还是图片举例，要引导学生不能只是把眼光局限在组织、手感、密度等问题上，还要鼓励大家发表对于其图案、色彩搭配、审美感受等方面的看法，扭转他们着眼点的局限。在教学过程中可以利用第二课堂的形式带着学生去面料市场调查，了解面料的流行品种、流行色或是流行图案，让其对于美观的织物有直接的认识和理解。

除此之外，建议学生在课余时间多了解纹样图案、纺织色彩学等方面的知识，也可以通过参观画展、听音乐会、看舞蹈等多种艺术形式提高自己的艺术修养，对于审美素质的提高也会有很大的帮助。

（三）采用多样化的教学方法和手段

纺织品设计教学中涉及色彩和图案设计部分时，由于学生缺乏基础，对于理论知识的学习容易流于表面，在需要运用的时候就显得茫然无头绪。通过对教学方法的设计，通过课堂讨论、分组练习等方法，调动学生的学习积极性，让学生参与到教学过程中。例如布置色彩或图案设计的课堂作业，要求学生分组完成，并把最终作品进行展示，由大家共同评价其美观程度，无论是设计结果出色还是评价切中要点都可以获得较高的作业成绩作为鼓励，并可以体现在期末成绩中，学生的积极性就会调动起来，也可以唤醒学生内心对美的渴求。

（四）引导学生利用所学知识参加大学生纺织品设计比赛

纺织品设计大赛是一个很好的检验自己所学知识和织物设计能力的机会。而对于纺织品的设计包括织物实物设计和花型设计，都是比赛的内容，但以往纺织工程专业的学生很少参加花型设计的比赛，除了缺乏必要的绘画技能之外，花形图案的美观要求也令很多学生望而却步。通过课程改革，克服工科学生在这方面的短板，可以引导学生积极参加比赛，而且可以不再局限于设计出新的组织或是使用新的纱线，而是要在美观方面更下功夫，要一下子就能够吸引评委的注意，相信也会获得不错的成绩。

（五）建立健全学生学习效果反馈评价体制

教学过程是一个师生共同进行的过程，教师和学生是教学中重要的两环，而学生更是处于中心地位。通过建立自我评价、教学评价、实践评价等多环节评价的综合体系，使学生的审美素质的提高与否可以使教师比较及时准确地掌握学生情况，对教学进行适当调整，包括合适教学方法的运用，教学内容的改进等。

（六）加强师资队伍建设，提高教师本身素质修养

教师在整个教学过程中起到非常重要的作用，教师本身的素质如何会直接影响到教学效果。建设一支自身具备必要的艺术修养和审美素质的教师队伍是必需的。通过"内培""共享"等方式可以逐步完善教师队伍，而且可以有效利用纺织服装学院的服装专业老师大多对于绘画等艺术比较了解的优势，相互学习，共同进步，建立起一支自身素质过硬的合格的教师队伍。

高等教育需要培养高素质专业人才，而其中审美素质也是人才的基本素质之一。纺织品的设计更是需要美育和工学的结合，美学与科学技术的渗透。学生通过本课程的学习，了解色彩和图案设计的基本知识，并进行必要的设计实践，可以在审美能力上得到提高，而且能激发他们的创新能力，直接增进设计产品的使用价值和竞争能力，使他们在未来的工作中能够迅速适应社会环境的改变，得以施展才华。

第四节　任务分解教学法探讨

任务教学是美国教育家杜威以实用主义作为教育理论基础而提出的"学生中心，从做中学"的教学模式，他主张教育的中心应从教师和教科书转到学生，教学应引导学生在各种活动中学习。这种理念应用在语言教学研究中成为任务教学法，国内外广泛在外语教学过程中采用，效果显著。这种理念应用在工科专业的教学中成为任务驱动教学法，目前在信息技术的教学过程中研究应用较多，例如赵洁红（2007）提出在计算机应用课程教学中采取引导学生主动学习——任

务驱动教学模式，彭亮请（2013）提出了基于任务分解的《大学计算机基础》课程考核改革研究等。这种教学思想从学生的基本心理需求出发，认为学习是满足个体内部需要的过程，强调动态发展的学习方法，强调以人为本，以学习过程和习得过程为重心，在教学目标上注重突出教学的情意功能，追求学生在认知、情感和技能目标上的均衡达成，体现了教学重点从关注教法转为关注学法，从以教师为中心转为以学生为中心。

一　任务分解概念的提出

2010 年，国家提出了卓越工程师的培养计划，工科教育从传统的重视结果及思维的求同性、统一性，转变为重视学生思维的多元性、灵活性，卓越工程师要具有高素质、创新力。如何培养学生具备这种素质，毛泽东讲"人类的历史是从人类的必然王国向自由王国发展的历史，应理解为，经过反复实践能动逐步认识自然界和人类社会必然性规律并正确的改造世界。"伟人的思想同样可运用于教育，目前学生的学习过程很多是在必然状态，被动地接受，被动的思考，而不是在兴趣的指引下的自由状态的学习。如果学生都只是成为被动地接受知识的机器，那么他们就不能自己，也不能成为其"自己"，而只是接受知识的共同意义下的"学生"。长期习惯被动地接受，势必不会有创新意识，更谈不上其他的主动性。

让学生主动学习，首先要激起学生的学习兴趣，在教学中创造条件，学生通过一系列任务的完成，让学生自己体会理论知识的实用价值，满足学生的归属感和影响力，他们才会感到学习是有意义的，才会愿意学，才会学得好。

综合任务教学法中情景构建与任务驱动教学法中的建构主义理论，提出在服装品牌策划课程教学中引入任务分解教学法，使学生通过完成多种多样的任务活动，激发学生的学习兴趣。任务教学能引导学生在教育的框架内寻找自由空间，引导学生在学习过程中自主参与转化知识。在活动中学习知识，培养人际交往、思考、决策和应变能力，有利于学生的全面发展。

任务分解教学法注重任务总目标的设定，总目标的正确设定是整门课程任务分解的灯塔，它决定着学生最终获得何种能力。把总目标融入各任务的目标中，据此进行任务的分解，并且以任务为单位来制定大纲，实施教学。

二　任务分解教学总目标的设定

学校制定课程体系来实现培养目标，课程体系是由不同的课程单位组成，如果想准确的实现培养目标，那么每一门课程教学中就要融入培养目标。目前大学课程的教学目标基本上是从知识要求、素质要求、能力要求三方面体现，这三个方面基于课程的学习内容及行业素养的要求而确定。在此基础上，任务分解教学总目标分以下几个方面：

（一）表达能力

本科生都需要提高各种形式的表达能力，这种能力首先包括精确而优美的书面表达能力，其次是清晰而有说服力的口头表达能力。这些是学生在大学期间和毕业之后都会广泛运用的能力。如果教学过程中仅是教师知识的传播，通过课堂提问这种传统的形式是无法实现这种能力的。在任务分解教学模式中以提高学生的表达能力为目标，在任务解决的过程中以多种形式锻炼学生的表达能力。

（二）宏思维培养

宏思维是华中理工大学的前校长李培根教授提出的一个概念，宏思维体现其宇宙观、世界观，从大的方面来看，宏思维包括对宇宙事物、人类社会发展的宏观认识。具体而言，宏思维包括对世界事物（自然也涉及其学习或工作领域背景的相关事物）的认识，也包括对社会发展中的重大问题的认识。世界观、宇宙观之类的宏思维不能只是成为纯粹的知识抽象，应该融入对世界众多具体事物或社会重大问题的认识上。任务分解教学法通过课程目标的任务分解，学生通过完成任务过程逐渐学习从整体中、从联系中认识与把握事物的发展，体会理论知识所涉及不到的背后规律。

（三）民族文化的传承

"我们提出的社会主义核心价值观，继承了中华优秀传统文化，也吸收了世界文化的有益成果，体现了时代精神，弘扬社会主义核心价值观必须从中国传统文化中吸取丰富营养，否则就不会有生命力和影响力。"这是总书记在北京大学的讲话。几千年的文化基因已深深植入中华民族的每个同胞，国家政策的制定、企业的发展如果不根植于我们的优秀传统文化，那它是不可能具有生命力的，目前我国许多服装品牌形象趋同性，没有自己的个性，很大的原因是没有文化的根基。我们要在任务分解中传承民族文化，培养学生的民族自信心。

通过以上目标的设定与培养，学生才会具有使命感，如家国情怀、创新、服务社会等。

三　任务分解遵循的原则

任务的分解要遵从真实性、连贯性、可操作性及趣味性原则。

（一）真实性原则

以《服装品牌策划》课程为例，依据品牌在建设过程中的一些真实情景环节设置每项任务，创设与当前学习主题相关的、尽可能真实的学习情境，引导学生带着真实的"任务"进入学习情境，使学习更加直观和形象化。生动直观的形象能有效地激发学生联想，唤起学生原有认知结构中有关的知识、经验及表象，从而使学生利用有关知识与经验去"同化"或"顺应"所学的新知识，发展能力。

（二）连贯性原则

指任务与任务之间的关系，以及任务在课堂上的实施步骤和程序要具有连贯性，即怎样使设计的任务在实施过程中达到教学内容上和逻辑上的连贯与流畅。这正体现了品牌发展各个过程的连贯性。

（三）可操作性原则

学生在课下完成任务的程序是可以通过主观能动性操作完成的。

（四）趣味性

把抽象的理论知识转化为解决任务的操作过程，任务的趣味性决定着学生兴趣的调动。

四　任务分解的程序

（一）任务分解

根据《服装品牌策划》这门课程的教学总目标，在教学过程中按照教学内容、知识的形成过程分解成若干总任务。然后再根据每项任务的分目标，把总任务划分成若干个子任务。

（二）情景的设计

任务的情景指任务所产生的环境或背景条件、执行任务的环境。这个情景既要考虑服装品牌的现实状况，又要围绕着学生能接触到的环境，一个高效的、充满感性和理性的教学情境可以吸引学生的注意力，激发学生的探索与学习动机，促进知识技能的迁移。曾经有一位外国学者将情境与知识做了一个形象的比喻：在你面前放 15 克盐，你无论如何难以下咽；但将 15 克盐放入一碗美味可口的汤中，你就在享用佳肴时，将 15 克盐全部吸收了。情境之于知识，犹如汤之于盐。知识需要融入情境之中，才能易于学生的理解和掌握，才能显示出活力和美感。

（三）计划安排

《服装品牌策划》是一门专业选修课，每周 2 学时，但是课程内容丰富，在这有限的课时中既要让学生学习课程内容，又要完成相关的任务，那么就要引导学生充分利用课余时间，所以要对知识任务的分配、课堂任务的交流进行合理的划分，解决授课学时少和课容量多之间的矛盾。

（四）任务评估

学生完成一项任务就要进行相应的评估，制定合理的任务评估手段，对任务和任务的实施所做的合理评价，会影响到学生对于完成任务行为的自身判断，这种任务评估要遵循知识发展的目前状况及发展趋势。

工程专业教学的目标不是要求学生机械的记忆知识，学习结果不是知识的累计或平均，学生完成这门课程后对于学过的内容应是转化为自己知识结构中的一部分，学生能把知识内化到其心灵深处的过程历程；通过这些内容研究与实践，使学生能够跟随品牌理论与实践的发展过程学习与深刻体会知识的运用与变化，在解决任务过程中认识实际问题是多个专业知识的交融，能够逐渐养成以一种宏思维的方式考虑任务的解决方案。并且要培养具有宏思维的能力，任务分解的目的就是这种能力的培养，这广泛适用于其他工科专业课的教学中。

第五节　学生批判性思维与质疑科学精神的培养

2019 年 2 月 18 日在上海复旦大学举行的新工科建设与发展高峰论坛提出："新工科，再深化，要着眼高等教育创新与强国崛起的基本逻辑，全面推进理念认识再深化、学科专业再深化、项目探索再深化、产教融合再深化、组织创新再深化，以新工科引领高等教育创新，以高等教育创新引领强国崛起。"传统的教育重视知识的传授，所以大家都在思考如何提高教的水平，学校鼓励学生求学问，而忽略鉴别力，并且普遍认为：把学识填满大脑，就是终极目的。

知识的发展日新月异，新工科需要培养学生具有良好的学习能力，科技的进步不仅需要有充实的知识储备，还需要具有一定的科学态度、科学方法、科学思想和科学精神。其中，科学精神是统领，是体现在科学知识中的思想和理念。科学精神远比科学知识重要。你学到了科学知识，不一定拥有科学精神；而你拥有了科学精神，就一定能掌握越来越多的科学知识。现今互联网的进步使得很多的知识在网上就能查到，对于新工科教育我们要转变思路，从重视教科学知识与传授技术转变为重视培养学生的科学的思维方式，自我获取知识的能力。大学的时光是有限的，我们要考虑学生就业后也能应用这种思维方式解决工作中的问题并不断的学习与创新。

一 关于批判性思维与质疑科学精神的概念

批判质疑既是一种思维方式也是一种科学精神，思维方式指人们的理性认识，是看待事物的角度与方法，拥有准确高效的思维方式，可以让人受益终生，能一直保持客观清醒的态度对待事物。对于科学精神人们往往定义为在科学活动中的基本精神状态，实际上在任何事情上我们都应该具有一定的科学精神。

（一）批判性思维

批判性思维指以理性思维为基础，不盲目的相信已有的理论及权威的结论。批判性思维在词典中包括两层含义，一是指通过一定的思维活动评论人或事物的是非，二是指对某种思想言行进行系统分析。维基百科中认为批判思维是一种求清晰、求理性的思考方式。这种思考方式要求分析问题的全面性，理据的充分性，态度的公正性，逻辑思维的严密性。

很多学者认为批判性思维源于古希腊哲学，实际上中国古代的哲学家就具备这种思维方式，在中国具有重要地位的儒家学说与道家学说都是在后人的继承下不断的批判创新才形成了新儒家与新道家。但是目前我们的大学教育缺乏批判性思维的培养。这种精神的缺乏桎梏了学生创造的活力，狭隘了学生看问题的视角。我们的学生习惯于被动地接受、机械的记忆，对于问题缺乏继续探究的勇气与动力。

批判性思维不是对于某种观点的正确与否进行简单的判断，或者直接否定某些观点。而是通过缜密的思维、详细的研究，从而得到一些结论。批判性思维是一种能力，这种能力是可以训练的。

（二）质疑的科学精神

质疑的科学精神是指对于已有的理论不盲目相信，利用证据，提出疑问。批判性思维的逻辑起点是质疑，没有质疑就没有批判。质疑是建立在详细的调研及系统科学研究的基础上的，质疑的前提源于对于真理的追求，而不是出于私欲。中国科学院高能物理研究所研究员张双南指出"科学的进步和创新离不开质疑。"

有一段时间我们盲目的相信一些所谓专家的言论，例如：一个健康讲座某专家告诉大家生吞活泥鳅健身，就有很多人照此去做。普通老百姓这样，我们的学术界、科学界也曾经盲目的相信一些外国权威发布的一些观点，奉为真理，不加判断的用在自己的研究中，并作为论据，这样的研究有何价值。

质疑本身不是目的，不是为了否定别人突出自己，质疑的目的是进一步的探索。质疑的真正价值在于提供多视角的意见，引起回应和讨论，从而搞清事实，推进认识。所以质疑不是基于主观或某种目的的盲目怀疑，也不是否定一切的权威，是根据自己长期积累对于某种理论或技术提出不同的观点并加以研究。

二　批判质疑在新工科教育中的重要性

新工科对应的是日新月异的科技发展、产业变化，它的目的是培养出能够适应社会变化的人才，并能够推动技术、产业的进步。这样的人才不能仅仅着眼于知识的丰富及知识的获取能力，还要养成良好的科学思维模式。

2016 年中国学生发展核心素养研究成果——《中国学生发展核心素养》指出，"批判质疑"是科学精神素养的基本要点之一，即"具有问题意识；能独立思考、独立判断；思维缜密，能多角度、辩证地分析问题，做出选择和决定等。"

（一）批判质疑能够培养学生的自我认知

老子曾说过："知人者智，自知者明。"自我认知是指人的自我观察及自我评价，是个人基于思想之上的对于环境的反应，自我认知的心理认知是一种比较高级的认知能力。自我认识是随着受教育水平的提高而不断地调整，个人发展目标的设定要建立在准确的自我认识基础上。大学生面对众多的信息、众多的诱惑很容易迷茫，如果我们对自己的价值观、兴趣和技能有更清晰、更敏锐、更坚定的自我认知，就能解决我们的生涯问题和制定生涯决策。

深刻准确的自我认知需要充分的理性思维，批判性思维使人基于充分的理性和客观事实对自己进行客观评价，它不会被感性认识和别人的意见所左右。学生通过批判质疑的理性思维准确地认识到自身的能力、喜好、需求，能根据自己的目标设立有效的计划，而且不会因为暂时的成功或失败迷失自己发展的方向。

（二）批判质疑能够提高学生的自主学习水平

我们从小已经习惯了老师灌输式的学习，这种学习所获得的知识是为了应对考试，进入大学后我们的学习是为了今后走向社会，大学中很多专业问题会涉及多个方面，而仅靠老师讲解的内容是远远不够的，需要学生课下查阅大量的资料从中找到问题的答案。批判思维与质疑科学精神能够使学生不会盲目的相信已有结论，能够对于大量的信息进行理性的判断，不断地在研究中提出问题，并进行科学的研究，使得自己的学习不是简单的知识的积累，而是知识与能力的一种提高。

（三）批判质疑是培养学生创新能力的基础

人类社会的发展伴随着认识水平的提高及知识的丰富，很多的认识是在一定环境下做出的，在当时会有一定的价值，但是随着社会的变化，有的理论与认识就会成为发展的桎梏，这就需要有人有勇气挑战权威，进行探索并进行创新。人才的创新能力将影响到国家的创新力，创新需要对于问题积极的探索及突破固有的模式探究新领域的内在动力，这种主观的能动性来自于自身批判质疑的科学精神，对于理论不断的质疑，提出各种假设进行批判从而找到最优的答案。

但是目前在大学课堂中老师认真的讲课，而学生却大部分低着头，很多学校认为这是手机的过错，并采取了拒绝手机进课堂的活动，但很多学生还是在茫然地看着老师，根本不知道老师所云何事。对于这种现象很多学校又把原因归于教师的课堂内容陈旧，教学手段单一，但多方改进收效甚微。学生学习的被动性原因在于他们没有学习的动力，缺乏主动思考的习惯。一个人必须能够寻根究底，必须具有独立判断力，必须不受任何社会学、政治学、文学、艺术学等学究的胡说所威吓，才能够有鉴赏力或见识，才会发自内心的去主动探索，并在探索中创新。有独立判断的人也是有"胆量"的人，胆量或独立的判断，是人类中一种难得的美德。孔子觉得学而不思比思而不学更危险，他说："学而不思则罔，思而不学则殆"。

三　如何培养学生的批判性思维与质疑的科学精神

（一）批判质疑需要独立自由的精神

"独立之精神，自由之思想"，这是陈寅恪先生题写在《清华大学王观堂先生纪念碑铭》中的字，精神上的独立与思想上的自由不是指放荡不羁、目空一切，而是指在学习中不卑不亢、踏实进取、不随波逐流。独立自由的精神是批判质疑的基础，一个缺乏独立思考、自由意志的人是不可能具有批判性思维的。要想培养学生具有独立自由的科学精神，大学中要营造这样的氛围，潜移默化的影响比简单粗暴的说教更有效果。

（二）教师具有批判质疑的科学精神

新工科教育的目的是建设高等工程教育强国，培养造就更多创新型卓越工程科技人才，提升对经济社会发展的引领力、支撑力。为了实现这个目标就要优化各个教育环节，建立以学生为中心的教育体系，培养学生终身学习发展的能力。

传统教育中教师是教育活动的主导者，传授专业知识、完成教学计划，课堂提问或讨论也是流于形式，教师本身如果不具备批判思维的能力，那么如何引导学生进行问题的批判思维呢？

所以作为教育者本身就要转变观念，不断地学习，以批判思维与质疑的科学精神作为自己学习、思考、科研的习惯，对于讲授的课程也要以这种思维方式逐层展开，让学生明白对于一个问题进行不同的研究方法会获得不同结论。

（三）开设逻辑思维方式的基础课程

目前对于工科专业所开设的基础课程都是围绕着这个专业应用的一些课程，对于学生的严密的逻辑思维及严谨的科学精神引导的课程却很少，教授学生如何思考、如何开展研究，以及什么是事实、什么是争辩、什么是知行等问题的课程根本没有。为了避免学生只是机械的跟从老师学，每个工科专业都要开设逻辑思维类的课程。

（四）鼓励与引导学生探究问题的渊源

在专业讲授过程中，不是直接照本宣科阐述理论观点，而是从教材的观点如何得出，支撑观点的论据有哪些？是否充分？实验条件是什么？实验过程是否合理等方面引导学生进行思考，提供给学生一些相关的参考书目，提供对于同一问题不同的观点及不同的观察角度，让学生通过阅读、思考、讨论等方式获得自己的结论。鼓励学生多提出自己的问题，并引导学生采用多种方式去试着解答这个问题，在学生讲授自己的观点时认真倾听，学生会因为被关注而受到鼓舞，同时不要对学生的想法妄下结论，并轻易地给出答案，要让学生学会在探索研究中不断地自我总结。

批判思维与质疑的科学精神越来越受到各个知名工科院校的关注，我们的新工科教育要重视这方面的培养，这样才能使我们的学生在社会的发展中起到推动作用。

第八章 工程教育背景下服装新工科创新人才实践教学改革

第一节 工科专业实践教学状况调查与分析

实践教学是理论联系实际、培养学生掌握科学方法和提高动手能力的重要平台，是促进学生全面发展的重要途径。为了更好地了解工科专业实践教学的状况，特别是地方本科院校实践教学实施情况，笔者对德州学院工科专业实践教学状况进行了调研，力求通过对调研结果的分析，正确认识实践教学的现状、存在的问题及取得的成绩，总结经验，并制订相应的改进措施，以促进地方本科院校实践教学建设更好更快发展。

一 调研内容与对象

（一）调研内容

为了能真实、全面、客观的了解地方本科院校工科专业实践教学的状况，我们通过咨询校内外专家设计了调查问卷。调查的内容主要有以下几个方面：实践教学总体情况；实践教学内容与体系；实验教学；专业实习；实验实习师资队伍；创新性实验与大学生科技文化竞赛；实验室条件建设；实验室管理等。

（二）调查对象

我们对德州学院工科专业—机电专业、汽车工程专业、纺织工程专业及服装设计与工程专业的学生进行了问卷调查，共发放调查问卷200 份，回收有效问卷187 份，总回收率达到了93.5%，效果较为理想。

二 调研结果

（一）实践教学总体情况

学生对实践教学情况在头脑中都会有一个总体印象和认识，这些认识当然只是一种模糊评价，但往往因其感性、直观并涉及学生的根本利益而更加深刻与中肯。在参与调查的187 名学生中，回答不满意的仅占6.5%，一般占35.9%，较满意占44.6%，满意占13%。

表 8-1　　　　　　　　对实践教学总体情况的满意度

指标	满意	较满意	一般	不满意
实践教学总体情况	13%	44.6%	35.9%	6.5%

（二）实践教学内容与体系

针对实践教学内容与体系我们设计了两个分指标：所在专业实践教学课程实际开设情况和实践教学内容反映学科前沿情况。结果如表8-2、表8-3 所示。

有14.9%的学生认为所在专业实践教学课程实际开设学时学分超过人才培养方案的规定，36.9%的学生认为与人才培养方案完全一致，34.3%的学生认为稍有调整，但学时学分变化不大，只有14.9%的学生认为与人才培养方案的规定有较大的差距。

表 8-2　　　　　所在专业实践教学课程实际开设情况统计

指标	超过规定	一致	稍有调整	有较大差距
实践教学课程实际开设情况	14.9%	36.9%	34.3%	14.9%

有 17.6% 的学生认为所在专业实践教学内容能反映学科前沿，43.9% 的学生认为部分教学内容能反映学科前沿，23.5% 的学生认为实践教学内容比较陈旧，15% 的学生选择了没有感觉。

表 8 – 3　　　　所在专业实践教学内容反映学科前沿情况分析

指标	能反映学科前沿	部分反映	内容陈旧	没有感觉
实践教学内容反映学科前沿情况	17.6%	43.9%	23.5%	15%

（三）实验教学

针对实验教学我们设计了 8 个分指标，分别考查学生对实验目的及意义的认识程度、实验内容的更新情况、实验课所占比例、授课方式、对综合性创新性实验的兴趣、是否自主设计过实验方案、对实验考核评定方式的满意度及是否提高了动手能力等。结果见表 8 – 4 至表 8 – 11。

对于做实验前对实验目的和意义的明确度，回答为明确的占 31.6%，较明确占 48.7%，一般占 13.9%，不明确的仅占 5.8%。

表 8 – 4　　　　　　对实验目的意义认识的分析统计

指标	明确	较明确	一般	不明确
对实验目的意义认识	31.6%	48.7%	13.9%	5.8%

对于实验教学内容更新情况的统计调查，有 31.7% 为教学内容能紧扣科技和社会发展前沿、更新及时，45.9% 认为更新不够及时，沿用几年前内容的占 13.3%，内容陈旧脱离实际的占 9.1%。

表 8 – 5　　　　　实验教学内容更新情况统计

指标	更新及时	更新不够及时	沿用几年前内容	内容脱离实际
实验教学内容更新情况	31.7%	45.9%	13.3%	9.1%

对于实验课占总课时的比例情况，有49.2%的学生认为应该加大比例，45%的认为比较适宜，仅有5.8%的学生认为应降低比例。

表 8-6　　　　　　　　实验课占总课时比例统计

指标	要加大比例	比较适宜	要降低比例
实验课占总课时比例	49.2%	45%	5.8%

对于实验授课方式，选择完全照教师讲授做的占34.2%，选择教师讲授基本操作和原理、提出问题、经师生讨论后完成的占48.3%，选择教师提出实验目的和要求、学生自学为主、教师辅导的占17.5%。

表 8-7　　　　　　　　实验授课方式统计

指标	完全照教	师生讨论完成	学生自学
实验授课方式	34.2%	48.3%	17.5%

学生对于开展综合性、设计性实验的兴趣，有52.4%的学生表现为有兴趣，36.9%的为一般，仅有10.7%的学生不感兴趣。

表 8-8　　　　　　综合性设计性实验项目兴趣程度统计

指标	有兴趣	一般	没兴趣
综合性设计性实验项目兴趣程度	52.4%	36.9%	10.7%

对于是否自主设计过实验方案这一指标，有60.4%的设计过，39.6%的没设计过。

表 8 - 9　　　　　　　　　　**自主设计实验方案统计**

指标	有	无
自主设计实验方案	60.4%	39.6%

对于现行实验考核的评定方式，28.9% 满意，41.2% 较满意，17.1% 一般，12.8% 不满意。

表 8 - 10　　　　　　　　**实验考核评定方式满意度统计**

指标	满意	较满意	一般	不满意
实验考核评定方式满意度	28.9%	41.2%	17.1%	12.8%

对于实验能力提高程度这一指标，15% 的学生认为提高较快，42.8% 的认为有提高，31% 的认为提高不明显，11.2% 的认为没提高。

表 8 - 11　　　　　　　　　**实验能力提高程度统计**

指标	提高快	有提高	不明显	没提高
实验能力提高程度	15%	42.8%	31%	11.2%

（四）专业实习情况

针对专业实习我们设计了 5 个分指标，分别考察实习内容安排、实习时间安排、实习时间长度安排、实习中参与锻炼的机会及实习效果的满意度等。结果见表 8 - 12 至表 8 - 13。

对于实习内容的安排，27.3% 认为合理，52.9% 认为较合理，12.8% 认为一般，7% 认为不合理；对于实习时间安排，18.2% 认为合理，29.9% 认为较合理，32.1% 认为一般，19.8% 认为不合理；对于实习时间的长度，15.5% 认为合理，25.7% 认为较合理，42.2% 认为一般，16.6%认为不合理；对于在实习中实际参与锻炼的机会，10.2%认为合理，31%认为较合理，40.6%认为一般，18.2%认为不合理。

表 8 - 12 　　　　　　　　　　　**专业实习情况统计**

指标	合理	较合理	一般	不合理
实习内容安排	27.3%	52.9%	12.8%	7%
实习时间安排	18.2%	29.9%	32.1%	19.8%
实习时间长度	15.5%	25.7%	42.2%	16.6%
实习锻炼机会	10.2%	31%	40.6%	18.2%

对于实习效果的满意度调查，18.2%满意，29.9%较满意，29.4%一般，22.5%不满意。

表 8 - 13 　　　　　　　　　　　**实习效果满意度统计**

指标	满意	较满意	一般	不满意
实习效果满意度	18.2%	29.9%	29.4%	22.5%

（五）实验实习师资队伍

对于实验实习师资队伍我们设计了 6 个分指标，分别考察实验（实习）教师的经验与责任心、教师理论联系实际情况、实验教师备课、准备及操作情况、实验中对学生能力的培养情况、实验中运用现代教育技术的情况等。结果见表 8 - 14，表 8 - 15。

对于实验教师教学经验及责任心的满意度，24.6%满意，46%较满意，19.8%一般，9.6%不满意；对于实习教师经验及责任心的满意度，9.6%满意，28.9%较满意，34.2%一般，27.3%不满意。

表8-14　　　　　**对实验教师经验与责任心满意度统计**

指标	满意	较满意	一般	不满意
对实验教师经验与责任心满意度	24.6%	46%	19.8%	9.6%
对实习教师经验与责任心满意度	9.6%	28.9%	34.2%	27.3%

　　对于教师理论联系实际情况，有 17.1% 为好，49.7% 为一般，33.2% 为差；对于实验教师备课、实验准备、实验操作情况，有 50.3% 为好，36.9% 为一般，12.8% 为差；对于教师在实验教学中对学生的创新能力和综合素质培养，有 24.6% 为好，41.7% 为一般，33.7% 为差；对于教师在实验教学中运用现代教育技术的效果情况，有 10.2% 为好，25.1% 为一般，64.7% 为差。

表8-15　　　　　　　　**教学情况统计**

指标	好	一般	差
教师理论联系实际情况	17.1%	49.7%	33.2%
实验备课、准备、操作情况	50.3%	36.9%	12.8%
对学生的创新能力和综合素质培养	24.6%	41.7%	33.7%
运用现代教育技术的效果情况	10.2%	25.1%	64.7%

（六）创新性实验与大学生科技文化竞赛

　　对于创新性实验与大学生科技文化竞赛这一大指标，我们设计了 4 个分指标，调查结果见表8-16 至表8-19。

　　对于大学生科技文化竞赛的了解程度，15% 为了解，31% 为较了解，30.5% 为一般，23.5% 为不了解。

表 8 - 16　　　　　　　　**对大学生科技文化竞赛了解情况统计**

指标	了解	较了解	一般	不了解
对大学生科技文化竞赛了解情况	15%	31%	30.5%	23.5%

对于所在专业开展创新性实验的重视程度，20.3%的学生回答为重视，41.2%的为较重视，25.1%的为一般，13.4%的为不重视。

表 8 - 17　　　　　　　　**对学生开展创新性实验重视程度统计**

指标	重视	较重视	一般	不重视
学生开展创新性实验重视程度	20.3%	41.2%	25.1%	13.4%

对于学生参加社会实践和科技创新活动，回答为常参与的学生占18.7%，机会不多、只能偶尔参与的占32.6%，偶尔参与、但是很盲目的占33.2%，没参与过的占15.5%。

表 8 - 18　　　　　　　　**参加社会实践和科技创新活动的情况统计**

指标	常参与	偶尔参与	偶尔盲目参与	没参与
参加社会实践和科技创新活动的情况	18.7%	32.6%	33.2%	15.5%

对于大学生中开展实验技能操作训练和竞赛情况，84.5%的学生回答认为有必要，12.3%的认为可有可无，3.2%的认为不必要。

表 8 - 19　　　　　　　**大学生中开展实验操作技能训练和竞赛统计**

指标	必要	可有可无	不必要
大学生开展实验操作技能训练和竞赛	84.5%	12.3%	3.2%

（七）实验室条件建设

对于实验室条件建设我们设计了5个分指标，调查结果见表8-20至表8-22。

对所在专业实验硬件设施情况的满意度，14.4%满意，21.4%较满意，52.9%一般，11.3%不满意；对所在专业实验室环境建设情况的满意度，20.3%满意，39%较满意，31.1%一般，9.6%不满意；对所在专业的实验室开放情况的满意度，8%满意，13.9%较满意，35.8%一般，42.3%不满意。

表8-20　　　　　　　　实验室条件建设统计

指标	满意	较满意	一般	不满意
实验硬件设施	14.4%	21.4%	52.9%	11.3%
实验室环境建设	20.3%	39%	31.1%	9.6%
实验室开放情况	8%	13.9%	35.8%	42.3%

对于实验中仪器、设备运行及耗材情况，有25.7%认为能达到教学要求，55.1%认为基本达到教学要求，19.2%认为达不到教学要求。

表8-21　　　　实验中仪器、设备运行及耗材情况统计

指标	能达到	基本达到	达不到
实验中仪器、设备运行及耗材情况是否达到教学要求	25.7%	55.1%	19.2%

对于实践教学基地对实习工作的重视程度，有16%重视，32.1%较重视，43.3%一般，8.6%不重视。

表8-22　　　**实践教学基地对实习工作的重视程度统计**

指标	重视	较重视	一般	不重视
实践教学基地对实习工作的重视程度	16%	32.1%	43.3%	8.6%

（八）实验室、实习管理

对于实验室、实习管理这一大指标，我们设计了3个分指标，调查结果见表8-23至表8-24。

对实验室规章制度的了解程度，10.2%很了解，34.2%了解，35.8%基本了解，19.8%不了解；对实习规章制度的了解程度，1.1%很了解，15.5%了解，23.5%基本了解，59.9%不了解。

表8-23　　　**实验、实习规章制度了解程度统计**

指标	很了解	了解	基本了解	不了解
实习规章制度了解程度	1.1%	15.5%	23.5%	59.9%

对实验室规章制度或管理方式的满意度，15.5%满意，25.7%较满意，46%一般，12.8%不满意。

表8-24　　　**对实验室规章制度或管理方式的满意度统计**

指标	满意	较满意	一般	不满意
对实验室规章制度或管理方式的满意度	15.5%	25.7%	46%	12.8%

三　结果分析

通过综合分析调查结果，可以看出学生对实践教学整体状况给予了较为中肯的评价，对于实践教学体系建设较为满意，对于实验教师的经验与责任心较为肯定，对于综合性创新性实验较为感兴趣，通过实践教学提高了实践动手能力，说明实践教学建设工作确实取得了一定的成绩。但调查结果同时反映出了一定的问题，比如：实践教学内容更新缓慢；实习时间偏短，实习期间参与锻炼的机会偏少；实习基地对学生实习不够重视；实验仪器设备还不能完全满足需要；实验室还没有实行全方位开放；实验室管理方式还有待改善等。

四　建议与举措

（一）完善实验教学管理体系，强化运行机制建设

通过资源共享，全面提高实验室资源的使用效率，使实验室做到运行机制先进，管理方式开放。为了保障实验教学质量，在学校一系列管理制度的基础上，各专业根据自身实际，制定《实验室管理条例》《学生实验课成绩考核办法》《实验室人员岗位职责》《仪器设备维护及使用管理办法》《实验室安全制度》《学生实验守则》等规章制度，为规范实验中心管理、保证实验教学改革的有效推进提供制度保障。同时，建立实验教学管理部门的监督和评价机制。通过评价结果与课时津贴和年终分配挂钩、奖励和惩罚并举等措施，建立实验教学质量监督与评价体制、完善了实验实践教学质量评价标准。

（二）更新实验教学观念，完善实验教学体系

以 OBE 教育理念为指导，优化实验教学内容，提高实验教学水平，以加强基础、重视应用、开拓思维、培养能力、提高素质为指导思想，建立先进的实验教学体系，把素质教育、创新意识及实践能力培养作为教学改革的根本任务。加强教学质量监控和考试模式改革，根据课程特点采用不同的考试形式对经过技能课程学习和训练的学生进行综合考核，建立由校内外专家组成的考核组，注重对学生的过程考核，考核结果同时作为授课教师教学水平评定的参考依据，依此促进师生专业技能的整体提高。

（三）加强实践教师队伍建设，构筑实践教学人才高地

教学科研水平高、实践能力强、结构合理的实践教学队伍是提高

人才培养质量的关键。实验室实行基础实验课程负责人制和项目负责人制，具有高级职称同时兼有科研课题和设计项目的教授、副教授作为实验室主任和课程、项目负责人，中青年骨干教师担任实践环节的主讲教师，专职实验人员负责实验室的日常维护管理。加强实验教学队伍的考核，建立实验室及实验教学队伍的评优机制，鼓励高水平教授参与实验教学，组建实验教学团队。形成了一支由中心主任、课程负责人为核心、实验环节主讲教师为骨干、专职实验人员为辅助的素质优良，结构合理的实验教师队伍。

（四）整合实验资源，构建与产业运作对应的实验平台

加强实验教学的"硬件"建设，投入大量资金进行实验室的改造，根据工科专业对多元化人才的需求，构建基础实验、综合实验、创新实验与工程训练等实验平台，这些实验教学平台既开设与理论教学相关的基础实验，又开设多个综合实验，还开设在教师指导下由学生自主设计的创新性实验。并针对实验教学需要，模拟企业生产构建工程训练中心，购置了用于实验教学的先进仪器设备，基础实验与综合性实验均能保证单人独立操作，有力地支持实验教学内容的改革。

（五）坚持实验教学和社会服务相结合，积极推动校企共建

为了加强校企合作，各专业应成立实训基地运行管理机构，加强校企联合，建成集基础实训、生产实训、学工一体的综合性实训基地；建立完善的长效校企合作机制，加强产学研结合，将课堂教学与企业实际联系起来，把教学研究与企业产品开发结合起来，提高学生的培养质量和就业能力。建立校企科研合作机制，共同进行科研攻关，通过为社会服务，实现共赢。

第二节　基于 OBE 的服装专业实践教学体系构建

随着卓越工程师计划实施及新工科的兴起，各个地方本科院校对

于实践教学的重视程度日益加深，越来越意识到实践教学的重要性。服装设计与工程专业作为一个工科专业，实践教学是重要环节，对于培养学生的实践能力、创新精神和创新能力有着理论教学和其他教学环节不可替代的作用。

一　目前服装专业实践教学存在的问题

虽然实践教学越来越受到地方本科院校工科专业的重视，但是在实际的教学中仍然存在各种问题。比如实践教学的内容跟不上生产实际的需求，仍然延续使用比较陈旧的实验教学体系，与实际要求严重脱节；具有实践经验的专业师资的缺乏也是实践教学发展的瓶颈，尤其是一些经济相对落后的二线、三线城市，很难形成规模的产业链，人才的缺乏、经济的落后限制了当地高校工科专业的发展；师资及实践教学条件的限制又会给实践教学课程设置带来不利的影响，存在部分实践课程"因人而设"或"因设备而设"的现象，实践教学呈现零乱、碎片化状态，未能从整体上进行系统设计，未能体现地方本科院校的办学特色及产教的融合，所培养的学生普遍存在知识结构缺陷、工程实践能力不强、解决问题能力较差的情况，不能很好地适应社会与企业发展的需求。

二　基本概念的界定

（一）关于"OBE"的概念界定

"OBE"是指教学设计和教学实施的目标是学生通过教育过程最后所取得的学习成果（Learning outcomes）。OBE 的特点：在理念上，是一种"以学生为本"的教育哲学；在实践上，是一种聚焦于学生受教育后获得什么能力和能够做什么的培养模式（毕业要求）；在方法上，要求一切教育活动、教育过程和课程设计都要围绕实现预期的学习结果来开展。

（二）关于"实践教学体系"的概念界定

实践教学体系（Practice Teaching System），是实践教学过程的知识基本结构、框架、实践教学内容设计、实践教学方法设计、实践教学过程设计和实践教学结果评价组成的统一的整体。

三　基于 OBE 的服装专业实践教学体系构建

（一）实践教学体系构建指导思想

基于 OBE（成果导向）构建实践教学体系，也就是紧紧围绕"培养的学生具备什么样的实践能力？""如何培养学生的实践能力？"来进行研究。首先根据企业行业的发展需求及学校的人才培养定位设置服装专业学生毕业时所应具备的实践能力，怎样使学生毕业时达到所设置的实践能力，就需要设置切实可行的实践课程体系，来支撑实践能力目标的达成，而实践课程的教学过程实施是实现实践能力的途径，实践考核体系用来证明实践能力是否已达成。图 8 - 1 为实践教学体系构建框架。

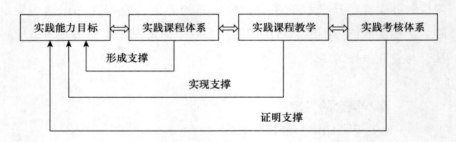

图 8 - 1　实践教学体系构建框架

（二）实践能力目标设置

服装设计与工程专业是一个艺工结合的工科专业，应适应社会经济发展需求，植根山东，面向全国，服务京津冀，培养创新性应用型的专业人才。"创新性、应用型"的定位要求学生具备一定的创新精神和实践能力，因此服装设计与工程专业人才培养实践能力总目标为：培养具有较好的创新精神和较强的工程实践能力，能系统运用专业技能胜任服装产品设计与开发、工艺设计与加工、生产经营管理及商务贸易等方面的工作。

服装设计与工程专业学生毕业时应具备的实践能力：

实践能力1：具备服装艺术设计修养与审美能力；

实践能力2：掌握服装材料的结构和性能、服用材料性能及测试方法，具有选用制衣材料的能力；

实践能力3：能够针对市场需求提出服装产品开发方案，并考虑方案对社会、健康、安全、法律、文化以及环境的影响并进行改进，在设计环节中体现创新意识；

实践能力4：能熟练使用计算机，具备应用服装CAD等相关软件进行服装款式、纸样设计的能力；

实践能力5：理解并掌握服装工程管理原理与经济决策方法，并能在多学科环境中应用；

实践能力6：具备能够就服装领域的复杂工程问题与业界同行及社会公众进行有效沟通和交流的能力，包括撰写报告和设计文稿、陈述发言、清晰表达或回应指令。

实践能力7：具备开拓创新、继续学习提高的可持续发展能力。

（三）实践课程体系设置

时代的发展对现代服装工程师提出了更高的要求，不但要求服装工程师具备较高的专业理论与技能（会不会做），还要具备正确的道德和价值取向（该不该做），考虑社会、环境、文化等外部约束（可不可做），最后还要考虑经济、社会效益（值不值得做）。因此要培养适应时代发展需要的现代服装工程师，课程体系尤其是实践课程体系的设置尤为重要。

服装设计与工程专业的实践课程体系分为三个层面：校内课堂实践、第二特色课堂及企业工程实践。

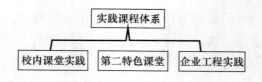

图 8 – 2　实践教学体系整体设计

1. 校内课堂实践

校内课堂实践主要是通过校内课堂的教学，培养学生的服装审美能力、服装设计能力、服装产品制作能力以及服装计算机运用能力等专业实践能力。

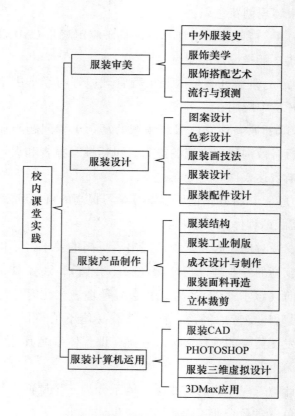

图 8 – 3　校内课堂实践设计

2. 第二特色课堂

第二特色课堂分为社会调查、科技训练、科技竞赛及职业生涯规划等，主要包括大学生创业教育、职业发展规划与就业指导、暑期社会实践活动、志愿服务活动、各类特色社团活动、大学生国创项目、课外科技竞赛活动等。该模块的教学主要是以第二课堂的形式开展，注重科教融合、赛教融合，培养学生运用所学的专业理论与技能，通过科创项目、各类社会实践活动、学科竞赛、产品创作等形式提高学生的职业能力与素养、团队合作与沟通能力、创新创业意识与能力等。

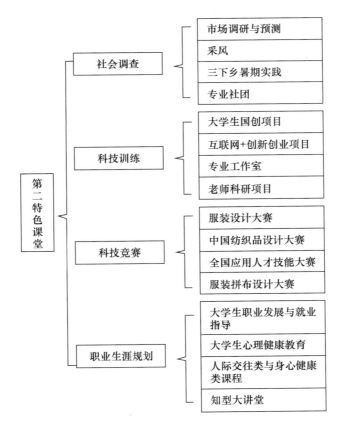

图 8-4　第二特色课堂设计

3. 企业工程实践

企业工程实践主要包括生产实习、创新创业实践项目、毕业论文（设计）、顶岗实习等。在此过程中，学生通过一定的企业工程实训，掌握一定的专业技能与技术，并将在实训中发现的问题进行归纳总结，通过文献检索等各种方式寻求问题的解决之道。该模块主要注重产教融合、多学科交叉融合，培养学生的艺术素养和专业实践能力，运用所学理论知识解决复杂实践问题的能力。

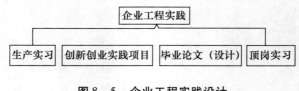

图8-5 企业工程实践设计

（四）实践能力考核评价与持续改进

建立实践教学过程质量评价机制。各主要实践教学环节有明确的质量要求，通过实践教学环节过程质量评价促进实践能力的达成。定期进行实践课程体系设置和实践教学质量的评价。建立毕业生跟踪反馈机制和第三方评价机制，对实践能力目标是否达成进行定期评价，评价结果用于专业的持续改进。

基于OBE的服装专业实践教学体系的构建与实施，从成果导向出发，构建实践教学课程体系，实现院校、企业、大众全方位连接，为学生提供专业实践和创新创业的良好平台，学生得到了更多的实践动手机会，实践动手能力和创新能力明显有了提高。基于OBE的服装专业实践教学体系改革所取得的成果，表明该实践教学体系符合社会经济的发展，能够对学生专业实践能力和创新能力的培养具有促进作用。

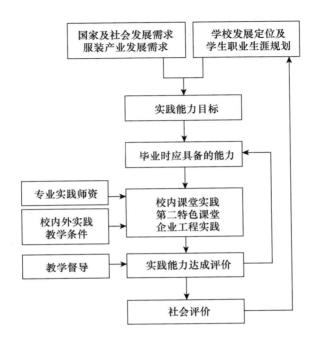

图 8-6　实践能力考核评价与持续改进

第三节　服装实验教学示范中心的建设与实践

实验教学示范中心建设是"高等学校本科教学质量与教学改革工程"的重要举措，是培养具有创新意识和实践能力、提升毕业生专业素养的重要措施。德州学院服装设计与工程实验中心多年一直致力于教育教学改革实践，对实验室建设、实验队伍建设进行了大胆改革，对实验教学体系、实验教学方法与手段、实验教学队伍和实验教学管理与运行机制等进行了系统的探索和实践，强化了学生创新创业能力的训练，学生的创新意识、实践能力和综合素质得到全面提高。

一　实验教学理念的建立

服装设计与工程是一门技术与艺术密切结合的学科，实践性应用性强是服装设计与工程学科的基本特征。服装设计与工程教育的最终目标是培养理论基础扎实、艺术素养高、实践能力强、富有创新精神的服装专业人才。正因如此，实验教学是整个人才培养过程中的重要一环，它与理论教学共同构成了一个完整的人才培养体系，两者互相关联、密不可分。在多年的探索与实践中，始终坚持"实践教学"常抓不懈，"能力培养"贯穿始终，"教学改革"务求实效，逐步确立了以"大服装"的人才培养概念为指导，以 CDIO 的工程教育模式为主线，以实践创新能力和创业能力培养为核心的"理论与实践结合，技术与艺术结合，专业与市场结合"的"三结合"的实验教学理念。

二　实验教学体系的建立与实施

（一）"三层次、六模块"实验教学体系结构

根据"三结合"的实验教学理念，优化实验教学内容，提高实验教学水平，以"加强基础、重视应用、开拓思维、培养能力、提高素质"为指导思想，加强对学生能力和素质的培养，按照 CDIO 为主线划分实验模块，整合实验教学资源，建立了三层次（基础型、综合设计型、研究创新型）、六模块（服饰文化实践模块、服装材料实验模块、服装数字化设计实践模块、服装结构工艺实践模块、工程训练模块、综合创新创业实践模块）、以实践创新能力和创业能力培养为核心的实验教学体系。该体系始终坚持以学生为本，把素质教育、创新意识及科学实践能力作为教学改革的根本任务，努力培养适应科技发展需要的应用型服装专业人才。（"三层次、六模块"实验教学体系结构见图 8 – 7）

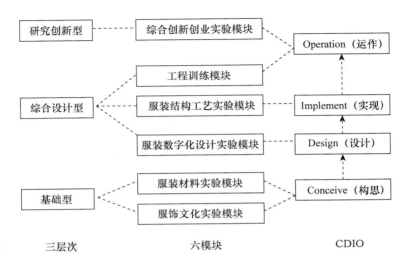

图 8 - 7　"三层次、六模块"实验教学体系结构

（二）实验教学方法与手段

1. 围绕"三层次、六模块"体系，完善实验教学方法

（1）实行项目教学法

以 CDIO 工程教育教学模式，利用企业和实际应用项目，模仿企业运营模式，在教师的指导下，学生以小组为单位按照服装设计的构思、设计、实施到运转的全过程解决问题，培养了学生的团队精神和创新能力。训练中心按照企业的结构组建，使学生在学到了一定的知识与技能的同时，还积累了工作经验，增强了学生的社会责任感。例如：在模拟企业运作的工程实训，采取企业化管理方式的过程中，教师和学生都具有了双重身份，教师既是教书育人的教育者，又充当了企业管理人员；而学生既是学校的学生又是企业的员工。在毕业设计的教学环节中，一是通过鼓励学生实施真题真做，培养面向实际应用的设计能力。二是鼓励学生与企业合作，将实际产品的设计项目带到实验教学中，加深学生对设计实践的认识。

（2）人文、科学、艺术、技术融合教学法

服装设计与工程专业学生的实践训练既需要培养良好的艺术素质，又需要训练扎实的技术能力。除了要求学生重视实践能力的培养之外，还要求学生加强自然科学、人文社会科学方面的教育，以提高学生的文化品位，审美情趣。如在进行服装设计课程实习中，教师带领学生进行市场调研，强调结合不同地域服装特点和文化习俗，体会传统文化的整体氛围，感受传统文化的整体魅力。在美术写生实习中，让学生充分体验到我国不同地区的风土人情和生活方式，了解完整的传统服饰形制，提升审美水平。

（3）产学赛结合教学法

针对每年北京国际服装博览会、国际时装周、大连国际服装节、宁波时装节等活动，我们根据年级和教学进度，安排了有针对性的参与活动进行实践教学，锻炼师生的专业创新和实践能力，提高教学水平和检验教学效果。"中心"通过建立奖励制度，鼓励师生参加各项专业赛事和在专业领域中担任社会兼职，如：利用中心提供的平台，由设计教师指导，工程教师辅导，结合企业产业需求，组织学生有计划的参与"兄弟杯""中华杯""真维斯杯""先锋杯"等国际国内各大赛事，并对获奖的师生给予奖励，以此激励师生参与社会服务和竞争的意识。

（4）研究式教学法

在实验教学过程中，鼓励教师充分利用科研、社会服务项目的成果展开教学，鼓励学生参与老师的科研课题，在教师的带领下进行数据处理、方案设计和分析评价。学生也可以把第二课堂社会实践、专业大实习的资料进行整理加工，写出实习报告，撰写学术论文。这种研究式的实验教学模式不仅让学生更熟练地掌握了实验方法和技巧，而且加深了他们对科学研究的理解，培养了学生的创新性思维和能力。

2. 实验考核方法

依据 CDIO 理念，按照不同层次的内容建立了不同的考核方法，制定了行之有效的多元化的实践教学考核体系，主要强调实践教学环节的考核和创新创业能力的培养。

（1）基础性实验的考核方法

总成绩＝平时实验成绩（20％）＋实验报告成绩（20％）＋实验技能考试成绩（60％）

（2）综合设计性实验的考核方法

对综合设计性教学项目，采取多元化的考核模式，首先由指导教师下达任务，学生提供完成计划，教师进行中期检查并提出整改意见，项目结束时进行综合评定。评定内容包括学生的表现、表演的效果、作品的质量、企业及市场的认可度、参加赛事获奖情况等。（实验考核体系结构见图8－8）

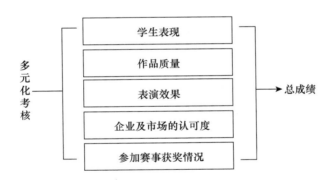

图8－8　综合设计性实验考核体系结构

（3）研究创新性实验的考核方法

对创新性实践课程的考核实行弹性管理，即学生通过课余时间参加的科研训练活动和设计竞赛活动以及教师的科研活动的实践，经过考核（指导教师评语、课题结题报告或答辩、科研成果等），视其所承担工作的成绩给予创新学分的奖励。这样不仅尊重了学生的个性发展，而且激发学生实验兴趣，开发了学生的潜能，大大提高了学生的实践创新能力和创业能力。

三 实验队伍的重组与建设

以 CDIO 为主线，打破传统的按照专业方向进行教师组合的格局，按照 CDIO 四个环节重新组合实验教师队伍，平行设置三个相对独立的 CDIO 教学工作组。每个组内的教师都是由 C、D、I、O 四个模块方向的教师组成，分别承担侧重 C、D、I、O 的课程教学，实行实验课程负责人制和项目负责人制，具有高级职称同时兼有科研课题和设计项目的教授、副教授作为实验课程、项目负责人，中青年骨干教师担任主讲教师。组内教师随时交流协调，利于项目教学法的顺利实施。同时三个平行教学组之间又形成良性竞争关系，形成一个牢不可破的复合型良性循环链，全方位提升学生的创新实践能力。

四 完善实验中心管理机制和运行机制

学校出台了一系列与实验教学相关的政策，从人、财、物等方面为实验教学工作的顺利开展提供了保证。通过资源共享，全面提高实验室资源的使用效率，使实验室做到运行机制先进，管理方式开放。为了保障实验教学质量，在学校一系列管理制度的基础上，根据中心的实际情况，制定了《实验室管理条例》《学生实验课成绩考核办法》《实验室人员岗位职责》《仪器设备维护及使用管理办法》《实验室安全制度》《学生实验守则》等实验教学规章制度，为规范实验中心管理、保证实验教学改革的有效推进提供了制度保障。同时，建立了实验教学管理部门的监督和评价机制。通过评价结果与课时津贴和年终分配挂钩、奖励和惩罚并举保等措施，建立了新的实验教学质量监督与评价体制、完善了实验实践教学质量评价标准。

"三层次、六模块"的实验教学体系实现了大学四年实验教学不断线，给学生提供了更多的实践动手机会，在各类实践环节中鼓励学生"真题真做"，并通过"产、学、赛"结合的方式切实提高学生的实践创新和创业能力。实践证明，经过实验教学示范中心的建设，学生的获奖层次和数量都有了显著的提高。

服装设计与工程实验教学示范中心积极探索与企业合作与互动的人才培养新模式，构建人才培养的创新机制。在服装设计与工程专业引入 CDIO 理念进行人才培养模式改革，在整个教学过程中始终贯穿"理论与实践结合，技术与艺术结合，专业与市场结合"的实验教学特色，通过多种实验机制全面促进学生的知识、能力和素质协调发展，提升学生的实践动手能力和创新能力；按照基础实践、专业实践、综合实践三个层次整合组建实验中心，使实践教学的各个环节紧密联系，形成一个由浅到深，由点及面的整体。

第四节　服装专业实验教学新模式

实践性应用性强是服装设计与工程专业的基本特征，怎样将学生培养成理论基础扎实、艺术素养高、实践能力强、富有创新精神的服装专业人才是我们一直研究的课题。

一　目前高校服装专业实验教学存在的问题

第一，实验教学思想比较保守，实验课程体系比较封闭，实验教学模式比较陈旧。实验教学设计按照同一个水平起步，同一个规格毕业。究其原因，除了受实验教学资源限制外，更根本的原因是，在观念上没有考虑到社会的多样化需求和学生的个性化要求。

第二，实验教学内容远离学生实际，不关心学生的兴趣，而且，没能随着科技的进步，社会的发展和学生的变化改进原有的课程设计，更没有兼顾扩招后各类学生发展目标的实际需要。

第三，实验考核模式比较单一，不能充分体现各类学生的能力和水平。服装专业实验教学现行考核方式基本都是根据实验项目进行实验，制作成品，写出实验报告，教师对其实验成品和实验报告进行评价，而往往忽视最重要的实验过程，没有把实验过程中学生自主学习能力、发现问题和解决问题的能力、创新精神、团队合作精神等纳入到实验评价中。

二　服装专业实验教学新模式的探索与实践

服装设计与工程教育的最终目标是培养理论基础扎实、艺术素养高、实践能力强、富有创新精神的服装专业人才。正因如此，实验教学是整个人才培养过程中的重要一环，它与理论教学共同构成了一个完整的人才培养体系，两者互相关联、密不可分。为了有效地发挥实验教学的作用，我们依托学校提出的"三、三、六"（三结合：办学结合行业需求、教学资源结合行业资源、学校培养结合企业培养；三紧跟：课程设置紧跟生产过程、教学设计紧跟岗位能力、教材选配紧跟任务项目；六共同：校企双方共同制定人才培养方案、共同承担教学任务、共同研发技术项目、共同编写特色教材、共同参与教育教学管理、共同监控教育教学质量）校企合作培养工科专业应用型人才新模式，总结以往的成功经验，更新实验教学理念，精选实验教学内容，丰富实验教学项目、构建以 CDIO 为主线、以创新能力培养为核心的"363"实验教学新模式。

这里的 CDIO 是由麻省理工学院集多国工程教育精英建立的一整套工程教育理念和实施体系，这种模式注重培养学生掌握扎实的工程基础理论和专业知识，在此基础上通过贯穿于整个人才培养过程的团队设计和创新实践环节的训练，培养既有过硬的专业技能，又有良好职业道德的国际化工程人才。我们提出的 CDIO 理念，是通过构思（Conceive）、设计（Design）、实现（Implement）、运作（Operation）的过程培养，在实验教学各环节中实施项目教学法，强化学生实践能力、创新能力和团队精神的培养。

这里的"363"是指"三层次、六模块、三结合"。三层次（见表 8 - 25）主要是指根据实验类型将其划分为三个基本层次，分别为：基础型、综合设计型、研究创新型。基础型实验主要是要求学生通过这类实验，学会规范地使用相关实验仪器设备，熟练掌握实验操作技能，灵活运用基本实验方法，为今后的研究和学习奠定基础。综合设计型实验主要是指学生利用多门课程，或多个原理及概念，通过一种或多种实验方法实现具有确定实验目的的实验项目。研究创新型实验主要是指新理论的研究，对实验方法、技术和仪器设备的改进和革新，或直接参与教师的科研项目等。

表 8 – 25　　　　　　　　　　　　三层次类型

基本层次	目的	实验类型
基础型	培养学生的基本认知能力，熟悉和掌握专业基本理论和基本操作技能	认知性实验 演示性实验 验证性实验
综合设计型	培养学生的独立思维，尊重学生的个性，提高学生的综合能力和素质	综合性实验 设计性实验
研究创新型	培养学生的创新能力和科学研究能力	研究性实验 创新性实验

六模块（见图 8 – 9）主要是指根据实验课程的性质和功能将其划分为六个模块，分别为：服饰文化实验模块、服装材料实验模块、服装数字化设计实验模块、服装结构工艺实验模块、工程训练实验模块、综合创新创业实验模块。以 CDIO 理念为主线，将所有的实验课程划分为六个模块，按照 CDIO（构思 Conceive、设计 Design、实现 Implement、运作 Operation）四个环节进行重组课程。C 组课程侧重 CDIO 理念中的构思（Conceive）环节，注重通识教育，将理论与实践结合，培养学生的艺术创新思维和基本实践能力。D 组课程侧重 CDIO 理念中的设计（Design）环节，根据服装设计、服装工程两个方向分别侧重不同设计能力的培养。I 组课程侧重 CDIO 理念中的实现（Implement）环节，在这一环节，两个方向能力培养的侧重点进一步细分，学生的构思、设计、实现能力得到综合提升，以"做中学"实现技术与艺术的完美结合。D 组课程侧重 CDIO 理念中的运作

（Operation）环节，强调结合市场的产品实现与全过程运作能力培养，提高学生的市场适应能力和就业竞争力，完成专业与市场的结合。

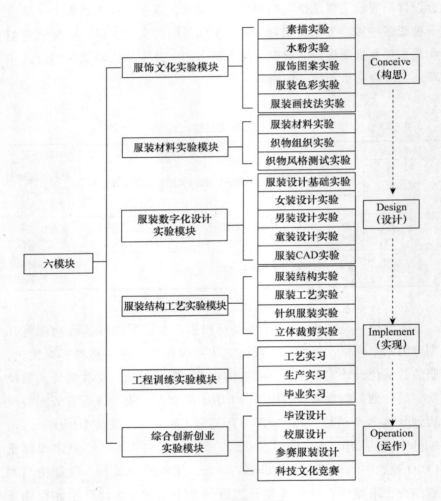

图 8-9　六模块示意图

三结合（见图 8-10）主要是指实验教学与学术科研相结合、实验教学与企业实际相结合、实验教学与学生课外科技活动相结合。三结合的思想大大改善了传统的实验教学存在的弊端，打破实验内容一成不变、局限于教材的封闭状态，将实验教学开放化、实验内容多源化。实验内容可以是课程教学大纲所规定的课程实验内容，也可以来自科研、企业生产实际和课外科技活动需要解决的问题。三结合更有利于实验内容的更新。

"363"实验教学新模式（见图8–11）始终坚持以学生为本，把素质教育、创新意识及科学实践能力作为教学改革的根本任务，在不断加强基础训练的同时，拓宽知识覆盖面，注重学科专业知识的交叉融合，突出培养学生的实践创新能力和创业能力。

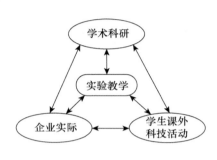

图8–10 三结合示意图

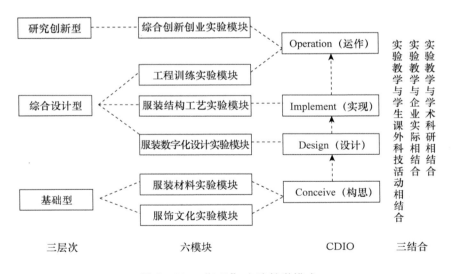

图8–11 "363"实验教学模式

根据"363"实验教学新模式，按照实验内容建立了多元化的实验教学考核方法（见图8–12）。考核评价着重考核实验过程，不仅仅考核实验结果。多元化的实验考核方法主要是指实验成绩通过实验过程评价、实验结果评价及结果反馈评价等方面来体现，而且从比例上更能体现对实验过程的重视，注重对学生自主学习能力、发现问题及解决问题的能力、创新精神、团队合作精神等的评价。从评价主体上，也从原来的指导教师拓展到学生个体、企业、市场等。这种考核方式不仅尊重了学生的个性发展，而且更能激发学生的创新欲望，开发学生的潜能，提高学生的实践操作能力和创新能力。

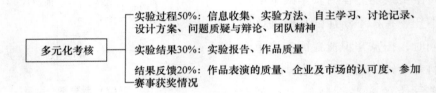

图 8-12　多元化考核方式

三　新模式的优势

第一，有利于扩充实验内容的来源，实验项目利于更新。由于很多实验选题直接来自企业实际及学生的课外科技活动，学生的兴趣增强，更利于激发学生的求知欲和创造欲。

第二，利于教学与科研成果的相互转化。实验教学与教师科研及企业实际相结合，有利于教学与科研的相互转化、共同提升。

第三，有利于学生的个性化培养。新模式实验教学更注重实验过程中学生的自主学习能力、发现问题及解决问题的能力、创新精神、团队合作精神等，更有利于培养学生的个性，激发学生的创新欲望。

第四，实验考核方式从评价方法和评价主体方面都呈现多元化，着重考核实验过程，重在形成性评价，不限于终结性评价，这种考核方式更能体现学生的能力和水平。

第五节　服装专业实验教学能力评价体系改革

实验教学是服装专业教学的重要环节，对于培养学生的实践能力、创新精神和创新能力有着理论教学和其他教学环节不可替代的作用。而如何根据地方本科院校培养高素质应用型人才的要求，建立科学合理的实验教学能力评价体系，对深化实验教学改革、提高实验教学质量、培养学生实践能力和创新精神具有重要的指导意义。

然而作为培养学生实践能力、综合能力和创新能力的实验教学，其改革进程滞后于理论教学改革的进程，特别是实验教学考核模式的改革进程更是滞后。长期以来，人们将实验教学定位于辅助教学，实验教学在高等学校教学过程中往往得不到实质性的重视，所形成的实验教学考核模式自然就不能适应教学改革和人才培养的要求。

一　目前高校服装专业实验教学考核评价存在的问题

服装专业实验教学现行考核方式基本都是根据实验项目进行实验，制作成品，写出实验报告，教师对其实验成品和实验报告进行评价。这种实验考核模式比较单一，缺乏考核的层次性和多样性，只是对学生的实验进行终结性评价，而往往忽视最重要的实验过程，忽视学生个体对实验教学考核的需求，不利于学生个性的发展，不利于提高学生参与实验教学考核的积极性和主动性，不利于学生综合能力和创新意识的培养，不能充分体现学生的能力和水平。

二　服装专业实验教学能力评价体系的改革与探索

为了解决现行实验教学考核模式中存在的问题，从培养和提高学生实践能力、综合能力和创新能力的角度出发，按照实验教学的规律和特点以及人才培养目标的要求，对目前的实验教学考核模式进行改革，从实验教学评价内容、评价标准和方法及评价主体等方面探索出一种新的多元化的实验教学能力考核评价体系（见图 8 – 13）。

（一）实验教学能力评价内容

传统的实验教学评价内容主要是针对实验项目进行理论和技能的考核，考核的内容比较单一、片面，不能全面反映学生的综合能力。因此我们通过多年的积累，将实验教学考核评价的内容扩展到四个大方面：知识能力、实验操作能力、科学探究能力和情感态度价值观。

1. 知识能力评价

主要是考核学生是否有够理解实验原理，并能正确地运用实验原理完成实验；是否有够明确知识目标与实验结论的关系，并得出实验的结论；是否有够运用与实验相关的服装知识解决和处理实验中的问题；是否有够运用与实验相关的其他学科的知识解决和处理实验中的问题；是否能够将日常生活、生产知识进行迁移，解决实验中的问题等。

2. 实验操作能力评价

主要是考核学生是否能够根据实验目标和现有条件，正确地选择最佳的实验方案；是否能够正确地进行服装实验的基本操作；是否能够正确地选用实验材料及实验方法；是否能正确安全地使用实验设备；在实验中能够注意桌面整洁，有良好的实验习惯等。

3. 科学探究能力评价

主要是考核学生的观察能力、发现问题和解决问题的能力；是否有根据问题提出假设的能力；是否有正确地进行实验设计和方案的能力；是否有从实验中收集各种有效信息并正确地处理信息的能力；是否有进行推理及分析并得出结论的能力；是否对整个实验过程有明确的认识并能够反思评价的能力等。

4. 情感态度价值观评价

以提高学生的科学素养为主旨的现代科学教育较之传统科学教育的一个重要区别，是更为关注学生的态度、情感与价值观发展。因此，作为服装专业实验教学，不仅要重视学生服装专业实验知识与技能的获得，实验探究能力的提高，而且还要关注他们在服装专业实验态度、情感与价值观层面的发展。

　　主要考核学生是否能真实地记录实验中的各种现象和数据、正确地对待实验中的困难和失败、客观地进行自我评价，即实事求是；是否对一些问题有自己独立的见解、制订计划中有自己独特设计思想、实验操作中有自己独特的技术，即创新精神；是否明确与他人合作中自己的责任、与他人沟通中真诚地提出自己的意见并认真地听取他人的意见，即合作交流；是否能够关爱生命、珍爱自然资源、爱护家乡和祖国环境、正确认识和理解人类活动对环境的影响，即环境意识。

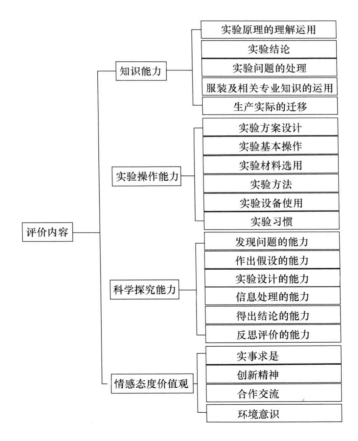

图 8－13　实验教学能力评价内容

（二）实验教学能力评价标准及方法

在实验教学中，我们一般将实验类型将其划分为三个基本层次，分别为：基础型、综合设计型、研究创新型。针对三个层次的实验类型，我们提出了一种分层次、多元化的实验教学评价标准和方法（见图 8 - 14）。

1. 基础型实验评价标准和方法

总成绩 = 平时实验成绩（20%）＋实验报告成绩（20%）＋实验技能考试成绩（60%）

2. 综合设计型实验评价标准和方法

对综合设计型实验，我们采取了多元化的评价标准，首先由指导教师下达实验任务，学生提供实验计划，教师进行中期检查并提出整改意见，项目结束时进行综合评定。评定内容包括学生的表现、取得的成绩、表演的效果、作品的质量、企业及市场的认可度、参加赛事获奖情况等。

3. 研究创新型实验评价标准和方法

对研究创新型实验的考核实行弹性管理，学生通过课余时间参加的科研训练活动、设计竞赛活动和教师的科研活动实践，经过考核（指导教师评语、课题结题报告或答辩，科研成果等），视其所承担的工作成绩给予创新学分。这不仅尊重了学生的个性发展，也激发了学生实验兴趣，开发了学生潜能，极大地提高了学生实践创新能力和创业能力。

（三）实验教学能力评价主体（见图 8 - 15）

从评价主体上，我们从原来的指导教师拓展到学生个体、企业、市场等，建立了多元化、多层次的实验教学评价主体。由院系、教务处检查组、实验中心及指导教师构成对实验教学评价的常规主体；由校教学督导组专家及企业专家构成对实验教学评价的专家主体；由学生构成对实验教学评价的学生主体；由用人单位和人才质量信息反馈系统构成对实验教学质量评价的社会主体。

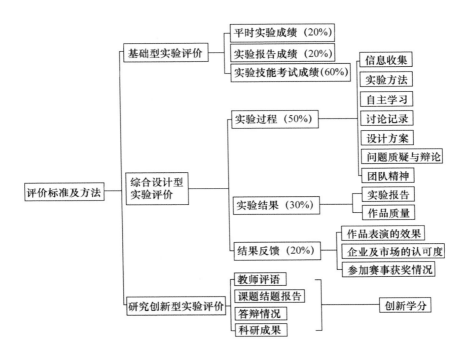

图8-14　实验教学评价标准与方法

　　针对服装专业实验教学进行了多元化的能力评价体系的改革与探索，评价体系根据不同的实验类型给出了不同的评价标准。考核评价着重考核实验过程，不仅仅考核实验结果。多元化的实验教学能力评价体系注重对学生自主学习能力、发现问题及解决问题的能力、创新精神、团队合作精神等的评价。从评价主体上，也从原来的指导教师拓展到学生个体、企业、市场等。这种能力评价体系方式不仅尊重了学生的个性发展，而且更能激发学生的创新欲望，开发学生的潜能，提高学生的实践操作能力和创新能力。当然，此能力评价体系还需在今后的实验教学过程中不断完善，使其更好地服务于人才培养。

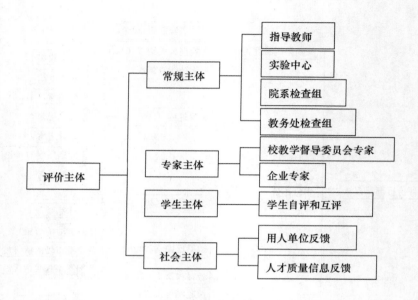

图 8 - 15　实验教学能力评价主体

第六节　工程教育下服装专业校企深度合作研究

随着高科技的发展，服装生产与高科技不断融合，计算机技术、信息技术、生物技术、纳米技术等高新技术在服装的生产加工中应用越来越广泛，新原料、新产品、新设备、新工艺不断涌现，服装技术的高速发展对服装专业人才提出了更高的要求，创新型的卓越工程科技人才是高校服装专业的人才培养目标。而创新型的卓越工程科技人才的培养单单依靠高校的教学资源是很难实现的，需要依托企业的协助，校企合作一直是德州学院服装专业人才培养的一个重要途径，在人才培养中起着重要的作用。工程教育理念的提出，对校企合作提出了更高的要求，近几年，德州学院纺织服装学院不断地拓宽校企合作的广度，挖掘校企合作的深度，提升校企合作的层次，探索与创新型卓越工程科技人才培养相适应的校企合作新模式，以满足创新型卓越工程科技人才的培养目标。

一　服装专业校企合作的模式与内容

（一）校企结合，构建创新性应用型人才培养方案

德州学院纺织服装学院不断对人才培养方案进行修订和完善，在进行人才培养方案修订时，学院组织学生深入企业进行调研，听取企业对服装专业人才培养的需求，在广泛听取企业的意见和建议后，确定了服装专业的培养目标为培养创新性应用型人才，并修订了人才培养方案，请服装知名专家和企业高级技术人员进行人才培养方案论证，形成了创新性应用型人才培养方案。人才培养中增加了实践教学比例，设置了一些创新训练课程，在人才培养中强调学生的个性、知识的创新、应用、转化及生产实践能力等，培养高素质的创新性应用型工程技术人才。

（二）夯实校外实践教学基地

一直以来，德州学院纺织服装学院不断深化工学结合的校企合作模式，积极与省内外的纺织服装企业进行联系，建立校外实践教学基地，以弥补校内实践教学资源的不足。近几年，德州学院纺织服装学院进一步加强校外实践教学基地的建设，夯实校外实践教学基地的作用，服装专业的实践教学任务，包括认识实习、专业实习、毕业实习、毕业论文、生产实习、服装成衣实训、服装创意设计实践、计算机辅助设计等，这些实践教学校内校外结合进行，通过校外实践教学基地的协助，这些实践教学得以顺利进行，学生可以在校外实践教学基地接受系统的专业操作训练，学生的实践操作技能得以提高，学生的动手能力和创新能力得以提升。

（三）就业创业见习基地

目前服装专业学生就业岗位多，但学生普遍存在眼高手低，动手能力较差，对企业的生产技术、市场需求等缺少了解，不能适应企业的人才需求。针对这种情况，纺织服装学院积极开展就业创业见习基

地建设，让学生走进企业生产一线，参与企业的实际生产，或者带着自己的创业项目到企业完成，就业创业见习基地为学生就业创业提供了场所、仪器设备及技术指导，使学生的理论知识和实际应用相结合。通过就业创业见习和实践，学生了解了服装的新技术、新工艺、新材料，掌握基本操作技能，缩短学生所学专业知识与就业岗位要求的差距，培养学生的爱岗敬业意识、团队协作意识、组织纪律意识以及吃苦耐劳精神，提升学生的就业创业能力，为学生就业创业奠定了基础。

（四）校企协同，培养双师型教师

双师型教师在培养学生的实践操作技能、缩短理论与实践差距起着重要的作用。实践教学基地为学校、企业和教师之间合作交流提供了平台，近年来学校非常重视双师型教师的培养，采取了把企业导师请进来和把学校教师送到企业的双向方法，邀请了企业知名高工和设计师到校传授服装产品设计与开发、服装设计、服装打版、服装制作的实践技能与经验，同时出台了《教师下企业制度》，制定了教师下企业学习的激励措施，纺织服装学院多名教师深入实践教学基地，进行为期半年左右的锻炼，教师进入企业，参与企业的产品研发和实际生产，提高教师的实践教学技能；教师与企业技术人员开展项目合作，双方在技术创新、设备改造、产品开发等方面进行共同研发，提高了教师的业务素质和科研水平，提升了学校的教学质量和办学水平。

（五）校企双导师制人才培养

聘请企业工程师、企业高级管理人员、企业经营者担任学生的导师，对学生的专业理论学习、实践操作技能和就业给予全程指导，企业导师丰富的工作经历、成功的创业经验以及熟练的实践能力可以弥补学校教师的不足。从学生入学开始，企业导师就向学生介绍服装行业的发展现状、发展趋势、高端产品和前沿技术，让学生了解所学专业的地位和作用，在大学四年的学习过程中，企业导师根据学生不同的学习阶段给予不同方面的指导，企业导师和学校教师携手培养，学校教师重理论，企业导师重实践，相辅相成。

（六）引进企业新技术、新产品

德州学院纺织服装学院依托面料馆的建设，开辟企业展馆，将服装企业的新产品、新技术引进校园，德州华源有限公司等多家企业的新型纤维、纱线面料和时尚服装在馆中展出，企业的新产品和新技术，可以拓宽师生的专业视野，提升学生对专业的学习热情，激发学生的创造能力。德州学院纺织服装学院与德州恒丰携手创建了植物染色研发中心，重点研究天然染料的染色技术，利用扎染、蜡染、段染等技术开发绿色环保的时尚服装产品，产品得到校内外师生的欢迎。

二 校企合作中存在的不足及改进思路

校企合作推动了德州学院纺织服装学院的专业建设、提升了人才培养的质量、提高了教师的教学和科研水平，对纺织服装学院的发展起了较大的作用。但是校企合作仍存在一些问题和困难，仍需要校企双方共同解决。

（一）校企合作内容还需拓宽

德州学院纺织服装学院校企合作的内容已经比较广泛，人才培养方案中的很多实践教学环节在企业开展，包括学生的认识实习、专业实习、生产实习、毕业实习等，教师和企业之间的合作交流比较密切，但是除了在企业的实习之外，学生在校企合作中参与的内容较少。还应拓宽学生参与校企合作的内容，让学生参与到企业的产品设计和项目开发中，一方面可以培养学生的创新能力，另一方面也有助于企业挖掘到优秀人才。

（二）校企合作内容实施需到位

虽然校企之间签订了很多的合作协议，但是由于地域、设备等条件的限制，协议的内容在真正实施起来时会遇到各种困难，再加上校企双方繁忙的工作，致使校企之间有些合作内容不能实质性地开展或者即使开展了工作但是进度较慢，需要解决校企合作中遇到的困难，使校企合作的内容全部落到实处。

（三）企业参与意愿需提高

企业是以利益的最大化为目的，企业的生产任务紧，企业员工的利益与产量和质量挂钩，对于校企的合作，企业考虑更多的是企业的利益，学生进入企业实习，缺乏实践经验，动手能力差，学生要熟练掌握操作技能需要一个相对较长的时间，而且需要企业技术工程师手把手地传授，这在一定程度上会影响企业的生产，导致部分企业不愿接收实习学生，或者不愿安排学生到技术性强的岗位工作。因此需要出台相应的制度和激励措施，鼓励企业积极配合学校的人才培养工作。

（四）校企合作需系统化、连贯化

虽然校企合作有很多的内容和形式，但是校企合作的内容还缺乏系统性，有些合作内容往往是临时性的，或者合作内容比较分散，缺乏联系；校企合作内容的实施缺乏连贯性，需要梳理校企合作的内容，使之系统化、条理化，制定实施措施，使校企合作内容实施连贯化。

创新型工程技术人才是服装专业人才培养的目标，校企合作是实现人才培养目标的重要保障，对提高学生的学习质量、教师的教科研水平、对培养高素质的工程应用型人才起着重要的作用。为了进一步适应创新型工程技术人才的培养，校企合作模式需要更新，校企合作的内容需要深入，范围需要拓宽，要做到和企业全面合作，实现"无缝"对接，达到互利共赢的理想境界，目前距离校企合作的理想境界还有不小距离，需要我们进一步探索校企合作的长效机制，激励企业积极投入学校人才培养的工作中。

结　　语

　　德州学院纺织服装学院始建于 1999 年，是中国纺织服装教育学会理事单位，山东省纺织工程学会理事单位，山东省服装行业协会理事单位。设有服装设计与工程、服装与服饰设计、纺织工程和非织造材料与工程 4 个本科专业，全日制本专科在校生 1333 人。服装设计与工程专业 2009 年被评为省特色专业，2010 年被评为国家特色专业，该专业实验中心为省实验教学示范中心，2012 年该学科被评为省高校"十二五"重点学科。之后，服装设计与工程专业进入快速发展期，获批省人才培养模式创新实验区、省优秀教学团队、省卓越工程师教育培养计划、省普通本科高校应用型人才培养专业发展支持计划、省应用型人才培养专业建设计划。目前已形成专业基础扎实，优势特色明显的服装类国家特色专业。

　　学院拥有一支专兼职结合的高素质教师队伍，现有教职工 44 人，其中教授 3 人、副教授 17 人，博士 10 人，硕士生导师 6 人，拥有享受国务院特殊津贴专家、教育部高等教育纺织类专业教学指导委员会委员、山东省有突出贡献的中青年专家、山东省教学名师、山东省"富民兴鲁"劳动奖章获得者、市有突出贡献中青年专家、市优秀科技工作者、校学科带头人及学术骨干、校教学名师及教学骨干等高水平教师，并广泛聘请国际国内知名学者、专家和企业家担任兼职教授和产业教授。

　　学院承担各级教科研课题 40 余项，其中国家自然科学基金 1 项，山东省自然科学基金 3 项，中国纺织工业联合会科技指导项目 5 项，省级教改课题 7 项；发表高水平教科研论文 200 余篇，出版专著教材 30 余部；各类教科研获奖 80 余项，包括山东省优秀教学成果一等奖 1 项，其他省部级成果奖 10 余项；授权发明专利 11 项，转让专利 5 项。

服装实验中心是山东省实验教学示范中心，拥有先进的教学科研仪器和设备，资产总值约 1600 余万元，面积 5646 平方米，拥有 23 个实验室，建有 5 个实践教学平台。近年来，相继建立了烟台舒朗、山东鲁泰、德州华源等 30 多个稳定的校外实习基地和 3 个科技研发中心。

学院高度重视人才培养，多年来，以 OBE 人才培养理念为指导，以服装产业高素质人才培养为核心，以山东省 CDTA 卓越工程师人才培养模式创新实验区为平台，以省级实验教学示范中心为支撑，秉承着"服装专业为引领，纺织专业为支撑，材料专业为提升"的原则，坚持理论和实际相结合的办学思路，突出"知识＋能力""理论＋实践""工程＋艺术""专业＋市场""校内＋校外"的五结合人才培养特色，形成了集纺织工程、服装设计与工程和非织造材料与工程专业于一体的优势特色学科链和高素质创新性应用型人才的培养特色，人才培养质量得到社会认可。学生在全国"挑战杯"大学生课外学术科技竞赛、全国创业设计大赛、省、市级学科竞赛中获奖达 400 多项，公开发表学术论文近百篇，获得专利授权 60 余项。近五年毕业生一次就业率 97% 以上，毕业生以综合素质好、基础理论扎实、动手能力强、知识面广，具有一定的独立工作能力而受到省内外用人单位的尊重和欢迎。部分学生被北京服装学院、江南大学、东华大学、天津工业大学等录取为硕士研究生；部分同学到大型纺织服装企业任职，并很快成长为管理或技术骨干；有些同学参加志愿服务西部计划，在志愿服务中继续增长才干，积累资源；有多名同学创立个人工作室，在创新创业的道路上取得显著成就。

参考文献

［美］克劳雷：《重新认识工程教育》，高等教育出版社 2009 年版。

［美］马什：《新工业革命》，中信出版社 2013 年版。

毕佳荣：《我国高等工程教育理念的探究》，哈尔滨工业大学 2012
　　年版。

查建中：《中国工程教育改革三大战略》，北京理工大学出版社 2008
　　年版。

陈东生、甘应进：《艺术工学特色服装专业应用型人才培养的探索与
　　实践——以闽江学院服装与艺术工程学院为例》，《纺织服装教育》
　　2017 年第 6 期。

陈小虎：《"应用型本科教育"：内涵解析及其人才培养体系建构》，
　　《江苏高教》2008 年第 1 期。

冯其红、杨慧、马建山、金玉洁：《基于"以学生为中心"理念的课
　　程改革与实践》，《中国大学教学》2017 年第 10 期。

冯亚青、杨光：《理工融合：新工科教育改革的新探索》，《中国大学
　　教学》2017 年第 9 期。

顾佩华：《基于"学习产出"（OBE）的工程教育模式——汕头大学
　　的实践与探索》，《高等工程教育研究》2014 年第 1 期。

姜晓坤、朱泓：《面向新工业革命的新工科人才素质结构及培养》，
　　《中国大学教学》2017 年第 12 期。

蒋宗礼：《新工科建设背景下的计算机类专业改革》，《中国大学教

学》2017 年第 8 期。

瞿振元：《推动高等工程教育向更高水平迈进》，《高等工程教育研究》2017 年第 1 期。

孔寒冰：《国际视角的工程教育模式创新研究》，浙江大学出版社 2014 年版。

李博：《工科教师的工程素质研究》，武汉理工大学 2012 年版。

李曼丽：《工程师与工程教育新论》，商务印书馆 2010 年版。

李培根：《传承—融合与跃迁》，《中国大学教育》2014 年第 9 期。

李培根：《工科何以为新》，《高等工程教育研究》2017 第 4 期。

李培根：《让学生自由发展—也谈教育的目的》，《高等教育研究》2010 年第 11 期。

李培根：《谈专业教育中的宏思维能力的培养》，《中国高等教育》2009 年第 1 期。

李拓宇、李飞、陆国栋：《面向 "中国制造 2025" 的工程科技人才培养质量提升路径探析》，《高等工程教育研究》2015 年第 6 期。

李志义：《研究型大学如何构建本科人才培养新体系》，《中国高等教育》2008 年第 13 期。

林健：《面向未来的中国新工科建设》，《清华大学教育研究》2017 年第 9 期。

刘珥婷：《工程教育专业认证背景下思政课改革研究》，西南交通大学 2016 年版。

陆国栋、李拓宇：《新工科建设与发展的路径思考》，《高等工程教育研究》2017 年第 3 期。

吕欣欣：《基于设计思维的工科工业设计造型基础教学研究》，《美术教育研究》2016 年第 1 期。

眉间尺：《理性应对质疑，也是一种科学精神》，《科技日报》2018 第 10 期。

潘广臣、殷子惠、季春景、刘宇轩：《新形势下高校校企合作育人模式探究》,《当代教育实践与教学研究》2018 年第 3 期。

史贵全:《中国近代高等工程教育研究》,上海交通大学出版社 2004 年版。

孙超:《基于项目化教学的应用型本科人才培养模式研究——以服装设计与工程专业为例》,《纺织服装教育》2018 年第 3 期。

孙欣:《论我国高等工程教育框架的建构》,东北大学 2010 年版。

陶圆:《战略性新兴产业发展背景下我国高等工程教育模式研究》,哈尔滨工程大学 2011 年版。

王孙禺:《中国工程教育》,社会科学文献出版社 2013 年版。

王秀芝:《服装设计与工程实验教学示范中心的建设与实践》,《实验室研究与探索》2010 年第 9 期。

王秀芝:《服装专业实验教学能力评价体系的改革与探索》,《实验室研究与探索》2011 年第 9 期。

王秀芝:《基于 CDIO 的服装专业实验教学体系研究》,《实验技术与管理》2010 年第 10 期。

委福祥:《"新工科"背景下材料专业实践教学体系探索》,《实验室研究与探索》2019 第 1 期。

吴爱华、侯永峰:《加快发展和建设新工科主动适应和引领新经济》,《高等工程教育》2017 年第 1 期。

许岚:《吉林省应用型本科院校服装专业人才培养模式转型分析——以服装设计与工程专业人才培养为例》,《吉林工程技术师范学院学报》2018 年第 12 期。

杨亮:《第三部门视域下美国工程教育专业认证研究》,中南大学 2013 年版。

杨少昆:《校企合作制度化建设和完善的探讨》,《电子制作》2014 年第 15 期。

游振声:《美国高等学校创业教育研究》,四川大学出版社 2012 年版。

余伟：《创新能力培养与应用》，航空工业出版社 2008 年版。

虞丽娟：《美国研究型大学人才培养体系的改革及启示》，《高等工程教育研究》2005 年第 2 期。

张凤宝：《新工科建设的路径与方法刍论——天津大学的探索与实践》，《中国大学教学》2017 年第 7 期。

张其亮：《"三位一体"层次化实践教学体系构建与实施》，《实验技术与管理》2010 年第 1 期。

张祺午：《服务"中国制造 2025"培养高素质技术技能型人才》，《中国高等教育》2018 年第 7 期。

张烨：《中国高等教育发展路径研究》，人民出版社 2012 年版。

郑庆华：《以创新创业教育为引领创建"新工科"教育模式》，《中国大学教学》2017 年第 12 期。

郑燕升、梁红瑜、林海涛：《地方高校纺织工程专业高素质应用型人才培养探索》，《广西轻工业》2010 年第 12 期。

钟登华：《新工科建设的内涵与行动》，《高等工程教育研究》2017 年第 3 期。

附　　　录

附录 1　服装设计与工程专业人才
培养需求调研问卷

尊敬的企业领导：您好！

　　感谢贵单位多年来对我院办学的大力支持，为了深入了解当前企业对服装设计与工程专业人才需求情况、能力和素质要求，以及对我院人才培养工作的意见和建议，为我们的专业设置和教育、教学改革研究提供必要的支持，特开展本次调研活动，希望听取您的宝贵意见，感谢您在百忙之中填写这份调查问卷，祝您工作愉快，也祝贵单位事业蒸蒸日上！

德州学院纺织服装学院

年　　月　　日

一　单位基本情况

单位全称：_____

地址：_____　　　联系电话：_____

1. 贵单位的性质（注：打"√"）

国有企业（ ）　　　民营企业（ ）

合资企业（ ）　　　独资企业（ ）　　　其它：_____

2. 贵单位的规模

大型企业（ ）　　　中型企业（ ）　　　小型企业（ ）

3. 贵单位目前员工人数

20 人以下（ ）　　　20—50 人（ ）　　　50—100 人（ ）

100—500 人（ ）　　500 人以上（ ）

4. 贵单位成立时间

5 年以内（ ）　　　5 年—10 年（ ）　　10 年以上（ ）

5. 贵单位主要经营范围

服装（ ）　　　　服饰配件（ ）　　　服装面料、辅料（ ）

鞋帽（ ）　　　　服装贸易（ ）

二　人才需求信息调查（可多选，如果选其他项，请在横线上注明）

6. 贵单位目前员工总数（ ）人，其中：

A. 硕士以上（ ）人　　　　　　　B. 本科（ ）人

C. 大专（高职）（ ）人　　　　　 D. 中专（高中）（ ）人

E. 高中以下（ ）人

7. 贵单位最需要什么学历的人才？（ ）

A. 高中（中专）　　　B. 大专　　　　　C. 本科

D. 硕士以上　　　　　E. 其他：_____

8. 贵单位需要的岗位人才（前三位）（ ）、（ ）、（ ）

A. 生产技术人员　　　B. 设计研发人员　　C. 贸易营销人员

D. 管理人员　　　　　E. 其他（ ）

9. 贵单位近三年工作岗位人才需求数量

A. 生产技术岗（ ）人　　　B. 设计研发岗（ ）人

C. 贸易营销岗（ ）人　　　D. 管理岗（ ）人

E. 其他（　）岗（　）人

10. 在生产技术岗中，需求量比较多的是哪些岗位？（前三位）（　）、（　）、（　）

A. 制版　　　　　　B. 工艺　　　　　　C. 质检

D. 整烫　　　　　　E. 包装　　　　　　F. 其他（　）

11. 在设计研发岗中，需求量比较多的是哪些岗位？根据需求排序（　）、（　）、（　）

A. 色彩设计　　　　B. 款式设计　　　　C. 服装面料设计

D. 陈列设计　　　　E. 其他（　）

12. 贵单位聘用人才优先考虑的因素根据优先性排序（　）、（　）、（　）、（　）

A. 职业道德（忠于职守、服从调动、诚实守信、遵守制度）

B. 团队意识（与他人合作、帮助他人、听取意见）

C. 创新能力（合理化建议、业务革新、创造性工作）

D. 专业知识（了解产品、熟悉技术、专业知识）

E. 沟通能力（资料阅读、文件读写、口头表达、人际交往）

F. 责任感（忠诚负责、无私服务、敢于担当、主人翁精神）

G. 管理能力

H. 适应能力

I. 个人形象

J. 持续学习能力

13. 对现有服装设计与工程专业本科人才的看法（可多选）：（　）

A. 能够胜任较高级的工作，表现出相应的专业水平

B. 仅有书本知识，不能解决实际问题

C. 知识结构不合理，没有反映出业界的发展现状

D. 职业定位不清晰，知识宽而不精

E. 其他（　）

14. 目前服装设计与工程专业本科毕业生在实际岗位中突出的问题有（　　）（可多选）

    A. 管理知识薄弱

    B. 技术知识不扎实

    C. 缺乏行业特点的专业背景

    D. 不充分了解相关行业的法规标准

    E. 所学专业知识与实际的工作需要脱节

    F. 技术知识面窄

    G. 实践能力薄弱

    H. 其他（　　）

15. 专业人才应具备的通用知识有哪些？根据必要性在表中选择（打"√"）

需求程度 知识体系	生产技术岗			设计研发岗			管理岗			贸易营销岗		
	必用	常用	少用	必用	常用	少用	必用	常用	少用	必用	常用	少用
数理												
计算机												
英语												
电工电子												
机械												
工程力学												
管理												

16. 专业人才应具备的专业知识有哪些？根据必要性在表中选择

（打"√"）

需求程度 知识体系	生产技术岗			设计研发岗			管理岗			贸易营销岗		
	必用	常用	少用	必用	常用	少用	必用	常用	少用	必用	常用	少用
服装材料												
服装设计												
服装结构工艺												
服装机械												
营销与管理												
服装陈列设计												

附录2　服装设计与工程专业人才培养需求访谈记录表

尊敬的企业领导：您好！

　　感谢贵单位多年来对我院办学的大力支持，为了深入了解当前企业对服装设计与工程专业人才需求情况、能力和素质要求，以及对我院人才培养工作的意见和建议，为我们的专业设置和教育、教学改革研究提供必要的支持，特开展本次调研活动，希望听取您的宝贵意见。

单位名称		单位性质		职位	
企业人才类型、岗位的实际需求情况					
从企业的实际需求来看，学生应具备的专业知识					
从企业的实际需求来看，学生应具备的能力和素质					
贵单位我校服装专业本科毕业生的工作表现					
其他建议					

附录3 2019年人才培养方案修订指导性意见（工科专业）

一 专业简介

一般涵盖历史沿革、支撑学科、就业前景、专业特色或优势等内容（300字以内）。

二 培养目标

本专业适应国家改革发展要求，植根德州，面向山东，融入京津冀（服务域定位），培养＊＊＊＊（基本素质，依据专业质量标准），能够在＊＊＊＊（服务领域），从事＊＊＊＊工作（职业领域）的创新性应用型人才（人才定位）。

本专业学生在毕业后5年左右应达到如下目标：

1.……

2.……

3. ……

…………

（说明：培养目标是对该专业毕业生在毕业后 5 年左右能够达到的职业和专业成就的总体描述。培养目标必须符合学校定位、适应社会经济发展需要；目标分解遵循可理解、可衡量、可达成、可统摄、全覆盖的原则；语言描述尽量为动词引领，如具有、具备、掌握、拥有、能够、了解等等）

三　毕业要求

（一）毕业要求通用标准

1. 工程知识：能够将数学、自然科学、工程基础和专业知识用于解决复杂工程问题。

2. 问题分析：能够应用数学、自然科学和工程科学的基本原理，识别、表达、并通过文献研究分析复杂工程问题，以获得有效结论。

3. 设计/开发解决方案：能够设计针对复杂工程问题的解决方案，设计满足特定需求的系统、单元（部件）或工艺流程，并能够在设计环节中体现创新意识，考虑社会、健康、安全、法律、文化以及环境等因素。

4. 研究：能够基于科学原理并采用科学方法对复杂工程问题进行研究，包括设计实验、分析与解释数据、并通过信息综合得到合理有效的结论。

5. 使用现代工具：能够针对复杂工程问题，开发、选择与使用恰当的技术、资源、现代工程工具和信息技术工具，包括对复杂工程问题的预测与模拟，并能够理解其局限性。

6. 工程与社会：能够基于工程相关背景知识进行合理分析，评价专业工程实践和复杂工程问题解决方案对社会、健康、安全、法律以及文化的影响，并理解应承担的责任。

7. 环境和可持续发展：能够理解和评价针对复杂工程问题的工

程实践对环境、社会可持续发展的影响。

8. 职业规范：具有人文社会科学素养、社会责任感，能够在工程实践中理解并遵守工程职业道德和规范，履行责任。

9. 个人和团队：能够在多学科背景下的团队中承担个体、团队成员以及负责人的角色。

10. 沟通：能够就复杂工程问题与业界同行及社会公众进行有效沟通和交流，包括撰写报告和设计文稿、陈述发言、清晰表达或回应指令。并具备一定的国际视野，能够在跨文化背景下进行沟通和交流。

11. 项目管理：理解并掌握工程管理原理与经济决策方法，并能在多学科环境中应用。

12. 终身学习：具有自主学习和终身学习的意识，有不断学习和适应发展的能力。

说明：

1. 毕业要求是对学生毕业时应该掌握的知识和能力的具体描述，包括学生通过本专业学习所掌握的知识、技能和素养。

2. 专业毕业要求应满足的基本条件：

（1）覆盖通用标准的"12条能力要求"，在内容的深度和广度上不低于认证标准的要求；

（2）体现解决"复杂工程问题"的能力；

（3）体现本专业特色；

（4）支撑专业培养目标。

相关专业应明确：一是认证标准中技术、非技术能力等要求的内涵，实现宽度上的覆盖；二是认证标准中12条毕业要求须通过适当的表述，尤其是通过对特定动词的使用，将毕业生应具备的内在知识、能力、素质转变为可观测、可衡量、可评价的行为表现。不能简单照搬通用标准。

（二）毕业要求指标点分解

1. 每个专业应结合专业特色，对 12 条毕业要求进行指标点的分解。

2. 毕业要求指标点分解应满足以下要求：

一是应具有逻辑性，能够符合学生能力形成的规律，体现能力达成的内在逻辑，而不是简单对指标项文字表述的拆分，体现能力达成的内在逻辑关系。

二是应采用适当的动词引导，用不同的动词和程度副词精准表达某种能力的特征和程度差异，具有可衡量，以便进行毕业要求达成度评价。

三是体现对标准的覆盖，描述的能力在宽度和程度上不低于认证标准；体现解决"复杂工程问题"的能力。

四是要体现专业特色，包括专业领域特征和本专业人才培养的优势和特色，具有特殊性和指向性。

3. 技术类毕业要求的指标点分解宜采用由浅入深的"纵向"分解方式；非技术性毕业要求的指标点分解关键是"说清楚"相关能力的内涵，使该能力能够通过教学内容和教学方法来实现。

本专业毕业要求	具体指标点
1. 工程知识	1. 1
	1. 2
	1. 3
	—
2. 问题分析	2. 1
	2. 2
	2. 3
	—

本专业毕业要求	具体指标点
3. 设计/开发解决方案	3.1
	3.2
	3.3
	—
4. 研究	4.1
	4.2
	4.3
	—
5. 使用现代工具	5.1
	5.2
	5.3
	—
6. 工程与社会	6.1
	6.2
	6.3
	—
7. 环境和可持续发展	7.1
	7.2
	7.3
	—
8. 职业规范	8.1
	8.2
	8.3
	—
9. 个人和团队	9.1
	9.2
	9.3
	—

续表

本专业毕业要求	具体指标点
10. 沟通	10.1
	10.2
	10.3
	—
11. 项目管理	11.1
	11.2
	—
12. 终身学习	12.1
	12.2
	—

说明：1. 每个专业须根据自身特点，按照上述原则进行毕业要求指标点的分解，指标点数量可自行设定。

2. 每个指标点都应有充分的教学活动来支持。

四　课程设置

参考《普通高等学校本科专业目录（2012 年）》《普通高等学校本科专业类教学质量国家标准（2018 年）》《工程教育认证标准（2017 年 11 月修订）》确定。

课程设置能支持毕业要求的达成，课程体系设计有企业或行业专家参与。

通用标准课程体系必须包括：

1. 与本专业毕业要求相适应的数学与自然科学类课程（至少占总学分的 15%）。

2. 符合本专业毕业要求的工程基础类课程、专业基础类课程与专业类课程（至少占总学分的 30%）。工程基础类课程和专业基础类课程能体现数学和自然科学在本专业应用能力培养，专业类课程能体现系统设计和实现能力的培养。

3. 工程实践与毕业设计（论文）（至少占总学分的 20%）。设置完善的实践教学体系，并与企业合作，开展实习、实训，培养学生的实践能力和创新能力。毕业设计（论文）选题要结合本专业的工程实际问题，培养学生的工程意识、协作精神以及综合应用所学知识解决实际问题的能力。对毕业设计（论文）的指导和考核有企业或行业专家参与。

4. 人文社会科学类通识教育课程（至少占总学分的 15%），使学生在从事工程设计时能够考虑经济、环境、法律、伦理等各种制约因素。

专业认证标准课程类别		标准要求
数学与自然科学类		至少15%
工程及专业相关	工程基础类	至少30%
	专业基础类	
	专业类	
工程实践与毕业设计（论文）		至少20%
人文社会科学类		至少15%

（一）主干学科

....

（二）核心课程

....

（三）主要实践性教学环节

....

（四）各环节学时学分比例

1. 通识教育课程

（1）通识必修课程：40 学分，占总学分23.5%

类别	课程编号	课程名称	总学分	各学期周学分分配								考核方式
				第一学年		第二学年		第三学年		第四学年		
				1	2	3	4	5	6	7	8	
公共基础平台课程	240004	思想道德修养与法律基础	3	3								考试
	240003	中国近现代史纲要	3		3							考试
	240001	马克思主义基本原理	3			3						考试
	240002	毛泽东思想和中国特色社会主义理论体系概论	5				5					考试
	240005	形势与政策	2	0.25	0.25	0.25	0.25	0.25	0.25	0.25	0.25	考查
	230001—230004	大学英语	12	3	3	3	3					考试
	330001—330004	公共体育	4	1	1	1	1					考查
	490003	大学生创业教育	2			2						考查
	490002	大学生心理健康教育	2	2								考查
	490004	大学生职业发展与就业指导	2					2				考查
	490001	军事理论与训练	2	2								考查
		合计	40	11.25	7.25	9.25	9.25	2.25	0.25	0.25	0.25	

（2）通识选修课程（至少选修 10 学分，占总学分 5.88%）

通识选修课程分 7 个模块，即：A 类：大学语文与应用写作类；B 类：传统文化、世界文明与文学艺术修养类；C 类：经济管理与法律类；D 类：科学技术、环境保护与可持续发展类；E 类：人际交往类与身心健康类；F 类，拓展提高与创新创业教育类；G 类，美育素养模块。其中，美育素养模块至少选修 2 学分，学生在校期间须修满

10 学分。

2. 工程教育认证专业各类课程标准

数学与自然科学类课程至少占总学分的 15%；工程基础类课程、专业基础类课程与专业类课程至少占总学分的 30%；工程实践与毕业设计（论文）至少占总学分的 20%；人文社会科学类通识教育课程至少占总学分的 15%。

3. 学时与学分

工科专业修读总学分为 170 学分。

理论教学课每 16 学时计 1 学分；实验课、计算机上机和其它技能课等每 32 学时计 1 学分；生产实习、专业实习、毕业实习、社会调查等集中进行的实践教学环节，每周计 1 学分；毕业论文（设计）8 学分。

五　修读要求

（一）修读年限与授予学位

本科基本修业年限为四年，弹性修业年限为三至八年。毕业最低修读学分 170 学分，符合我校学士学位授予条件者授予＊＊＊学士学位（根据专业类别，明确学位授予类型）。

（二）毕业标准与要求

在学校规定的弹性修业年限内，修满人才培养方案规定的课程及实践环节学分，而且满足下列条件：思想品德考核鉴定合格；参加普通话水平测试，且达到规定标准；参加《国家学生体质健康标准》测试合格；修满综合教育学分。

六　指导性教学计划进程安排表

课程类别	课程编号	课程名称	学分	总学时	学时分配			各学期周学分分配								考核方式
					讲授	实验上机	其他	第一学年		第二学年		第三学年		第四学年		
								1	2	3	4	5	6	7	8	
公共基础平台课程																
		合计														
数学与自然科学课程																
		合计														
工程基础课程																
		合计														
专业基础课程																
	合计															

续表

课程类别	课程编号	课程名称	学分	总学时	学时分配			各学期周学分分配								考核方式
					讲授	实验上机	其他	第一学年		第二学年		第三学年		第四学年		
								1	2	3	4	5	6	7	8	
专业课程	专业必修课程															
		合计														
	专业选修课程															
		合计														
工程实践与毕业设计（论文）																
		合计														
公共选修模块																
		合计														
		总计														

附录4《服装材料学》课程教学大纲

课程名称：服装材料学　　　英文名称：Clothing Materials

课程代码：321201　　　　　课程性质：专业基础课 必修课

学分学时：3/48　　　　　　考核方式：考试课

适用专业：服装设计与工程　　开设院系：纺织服装学院

一　课程性质与任务

《服装材料学》课程是服装设计与工程专业的专业基础课程之一。该课程通过学习服装材料学的基本理论、基本知识，系统全面掌握服装材料的结构、基本特性及其对服装性能的影响，理解服装对服装材料的服用性能要求。

课程重点培养学生能够运用服装用纤维、纱线、织物的结构特征及性能对服装材料进行正确分析，具备对典型类别的服装选择面料和辅料的能力。课程学习为培养创新性应用型服装设计与工程专业人才必备的专业知识与能力服务，为进一步学习其他专业知识打下良好的基础，也为将来从事服装设计、生产与研究打下必需的基础。

二　课程目标

目标1：掌握服装用纤维、纱线、织物的种类、结构特征与性能。

目标2：掌握服装用纤维、纱线、织物的结构与性能对服装服用性能的影响，能将纱线和织物的结构特征应用于服装性能分析中。

目标3：能选用正确的方法鉴别常用服装用纤维原料，能认识常见的服装面料，掌握基本的服装保养知识。

目标4：能根据典型服装的类型及特点，分析其服用性能要求，选择合适的面料和辅料。

三 课程目标对毕业要求指标点的支撑

序号	课程目标	支撑毕业要求指标点	毕业要求
1	目标1	2.2 能基于科学原理正确表达服装产品开发过程中复杂工程问题的解决方案,并能通过文献研究提出多套解决方案	2 问题分析
2	目标2	2.3 能够应用科学原理分析解决方案的合理性,提出方案修改意见,并最终获得有效结论	2 问题分析
3	目标3	2.3 能够应用科学原理分析解决方案的合理性,提出方案修改意见,并最终获得有效结论	2 问题分析
4	目标4	2.3 能够应用科学原理分析解决方案的合理性,提出方案修改意见,并最终获得有效结论	2 问题分析

四 教学内容、方法及进度安排

序号	教学内容	学生学习预期成果	教学方法与手段	学时	支撑课程目标
1	1 服装用纤维原料 1.1 纤维分类及其特征 重点:纤维的分类、纤维的特征 难点:纤维的特征	1. 能对天然纤维及化学纤维进行分类 2. 能区分纤维的形态和结构特征	讲授法 启发式教学	2	目标1
2	1.2 纤维鉴别 重点:纤维鉴别的方法 难点:纤维鉴别的方法	对给定的常用纤维能选用合适的鉴别方法	讲授法 实物教学法	2	目标3
3	2 纱线 2.1 纱线的分类 重点:纱线的分类 难点:纱线的捻度、细度	1. 能对纱线进行分类 2. 能表述捻度及细度概念 3. 能进行细度指标的换算	讲授法 启发式教学	2	目标1

序号	教学内容	学生学习预期成果	教学方法与手段	学时	支撑课程目标
4	2.2 纱线品质对服装外观和性能的影响 重点：纱线的品质对服装外观、舒适性的影响 难点：纱线的品质对服装舒适性的影响	1. 能掌握纱线品质对服装外观的影响 2. 能掌握纱线品质对舒适性、耐用性、保型性等性能的影响	讲授法 小组讨论法 启发式教学	2	目标2
5	3 织物结构 3.1 织物分类 3.2 机织物结构及特征 重点：织物的分类、机织物结构 难点：机织物结构及特征	1. 能对织物进行分类 2. 能掌握机织物、的结构及特征	讲授法 实物教学法 启发式教学	4	目标1
6	3.3 针织物结构及特征 重点：针织物结构 难点：针织物特征	能掌握针织物的结构及特征	讲授法 实物教学法 启发式教学	2	目标1
7	3.4 非织造布结构及特征 重点：非织造布分类、结构特点 难点：非织造布特征	能掌握非织造布的分类、结构及特征	讲授法 实物教学法 启发式教学	2	目标1
8	4 服装面料印染与整理 4.1 服装材料的颜色 4.2 服装材料印染 4.3 服装材料的整理 重点：印染、整理的基本概念及方法 难点：印染、整理加工原理	1. 能掌握染料的基本知识及服装面料印染加工方法 2. 能掌握常用服装整理方法	讲授法 启发式教学	2	目标2
9	5 织物服用性能与评价方法 5.1 服装材料外观性能及其评价 5.2 服装材料的内在性能 重点：服装材料外观、内在性能 难点：服装材料性能评价	1. 能掌握服装材料基本的外观、内在性能 2. 能对服装材料基本的外观、内在性能进行评价	讲授法 小组讨论法 启发式教学	4	目标2

序号	教学内容	学生学习 预期成果	教学方法与 手段	学时	支撑 课程 目标
10	5.3 服装材料的加工性能及其评价 5.4 服装材料的舒适性及其评价 重点：服装材料加工、舒适性能 难点：服装材料性能评价	1. 能掌握服装材料基本的加工性能及舒适性能 2. 能对服装材料基本的加工性能及舒适性能进行评价	讲授法 启发式教学	4	目标2
11	6 织物常规品种与评价 6.1 棉织物 重点：棉织物的常规品种、结构特点与性能 难点：棉织物的结构及性能	1. 能对棉织物的常用品种进行分类 2. 能分析常用棉织物的结构特点及性能	讲授法 实物教学法 启发式教学	4	目标2、3
12	6.2 毛织物 重点：毛织物的常规品种、结构特点与性能 难点：毛织物的结构及性能	1. 能对毛织物的常用品种进行分类 2. 能分析常用毛织物的结构特点及性能	讲授法 实物教学法 启发式教学	4	目标2、3
13	6.3 麻织物 丝织物 重点：麻织物、丝织物的常规品种、结构特点与性能 难点：麻织物、丝织物的结构及性能	1. 能对麻织物、丝织物的常用品种进行分类 2. 能分析常用麻织物、丝织物的结构特点及性能	讲授法 实物教学法 启发式教学	2	目标2、3
14	7 毛皮与皮革 7.1 毛皮与皮革的常规品种与评价 7.2 毛皮 7.3 皮革 重点：毛皮及皮革的概念及分类 难点：常用毛皮及皮革的性能及应用	1. 能对常用的毛皮及皮革进行分类 2. 能对常用的毛皮及皮革的性能及应用进行分析	讲授法 实物教学法 启发式教学	2	目标2、3

序号	教学内容	学生学习预期成果	教学方法与手段	学时	支撑课程目标
15	8 服装辅料的品质与评价 8.1 服装衬料与垫料 重点：服装衬料与垫料的作用 难点：服装衬料的选择	1. 能掌握服装衬料与垫料的作用 2. 能合理选择服装衬料与垫料	讲授法 实物教学法 启发式教学	2	目标 2、4
16	8.2 服装里料与絮填 8.3 服装的紧固材料 重点：服装里料的作用与种类 难点：服装里料的选择	1. 能掌握服装里料的作用与种类 2. 能掌握服装絮填料、紧固材料种类 3. 能合理选择服装里料	讲授法 实物教学法 启发式教学	2	目标 2、4
17	9 服装典型品种的选材 外衣、内衣、职业装、礼服、运动服、休闲装、童装等服装品种的选材 重点：服装典型品种的服用性能要求 难点：服装典型品种的选材	1. 能对服装典型品种的服用性能要求进行分析 2. 能为服装典型品种进行服装材料选择	讲授法 小组讨论法 启发式教学	4	目标 4
18	10 服装及材料保养和标识 10.1 服装及其材料的洗涤 10.2 服装及其材料的熨烫 10.3 服装上的标识 重点：服装材料的保养方法和标识 难点：正确选择服装材料的洗涤和熨烫方法	1. 能正确选择服装材料的洗涤和熨烫方法 2. 能识别服装上的标识	讲授法 启发式教学	2	目标 3

五 课程考核

序号	课程目标（支撑毕业要求指标点）	评价依据及成绩比例（%）			成绩比例（%）
		作业	期末考试	平时表现	
1	目标1：掌握服装用纤维、纱线、织物的种类、结构特征与性能。（支持毕业要求2.2）	6	25		31
2	目标2：掌握服装用纤维、纱线、织物的结构与性能对服装服用性能的影响，能将纱线和织物的结构特征应用于服装性能分析中。（支持毕业要求2.3）	6	25		31
3	目标3：能选用正确的方法鉴别常用服装用纤维原料，能认识常见的服装面料，掌握基本的服装保养知识。（支持毕业要求2.3）	4	10	10	14
4	目标4：能根据典型服装的类型及特点，分析其服用性能要求，选择合适的面料和辅料。（支持毕业要求2.3）	4	10		14
合计		20	70	10	100

六 本课程与其它课程的联系

前修课程：无

同修课程：服装材料学实验

后续课程：服装设计、服装结构、服装工艺

七 教材及教学参考书

1. 朱松文：《服装材料学》，中国纺织出版社2015年第五版。

2. 姚穆：《纺织材料学》，中国纺织出版社 2010 年第四版。

大纲执笔人：

审核人：

制定时间：　年　月　日

附录 5　《服装材料学》作业考核标准

观测点	评分标准	考核评分
作业完成进度（10 分）	按时完成	9—10 分
	延时完成	7—8 分
	补交	0—6 分
书写认真程度（10 分）	字迹工整，书写非常仔细、认真	9—10 分
	书写比较仔细	7—8 分
	字迹潦草，书写不够仔细	6—7 分
	书写有文字错误	0—6 分
基本概念掌握程度（50 分）	概念清晰	45—50 分
	概念比较清晰	38—44 分
	概念基本清晰	30—37 分
	概念不清淅	0—30 分
解决问题的方案正确、合理性（30 分）	给出的解决问题的方案正确、合理	27—30 分
	能给出解决问题的方案，但方案分析不够充分	22—26 分
	能给出解决问题的方案，但方案合理性不够	19—21 分
	不能给出解决问题的方案	0—18 分

附录6 《服装材料学》平时表现考核标准

观测点	评分标准	考核评分
出勤情况 （40分）	A. 每节课按时出勤，不迟到，不早退，无重大事情不请假。	35—40 分
	B. 出勤率较好，请假次数少于两次。	25—34 分
	C. 经常迟到，早退。	0—24 分
课堂表现 （60分）	A. 具有很高的学习热情，上课认真听讲，积极回应老师，积极参与小组讨论。	50—60 分
	B. 上课认真听讲，与小组讨论问题较积极，具有较高的学习热情。	37—49 分
	C. 学习热情较差，不积极参与小组讨论。	0—36 分

附录7 学生自评及互评评价表

班级： 　　　　　　　　　　　组别：

序号	学号	姓名	自我评价 （指标系数为1）	团队表现 （指标系数为1）	依据

组长签字：

成员签字：

年　　月　　日

附录8　考试试题命题表

课程名称		计划总学时		实验学时	
主讲教师		考试专业年级		考试人数	
命题教师		评分标准 制定人		标准答案 拟定人	
教考分离	□是　　□否	考题来源		□题库　□非题库	

课程目标	目标1： 目标2： 目标3： 目标4：				

	题目 编号	考核目的	与课程目标的对应关系			
试卷信息			目标1	目标2	目标3	目标4

试题审核	系主任（签字）： 　　　　　　　　　年　　月　　日
选用试题	————————卷 　　　　　教学单位负责人（签字）： 　　　　　　　　　年　　月　　日
备　　注	
说明	1. 按学校要求提前做好出题准备工作，并认真填写本审查表，除"备注"栏外必须完整填写； 2. 此表由教学单位分学期统一存档。

附录9 考试试卷分析表

_____学年第_____学期　专业班级：_____　任课教师：_____

课程名称：_____　课程编号：_____

应考人数		实考人数		平均分		最高分		最低分	
90—100 A	85—89 A—	82—84 B+	78—81 B	75—77 B—	71—74 C+	66—70 C	62—65 C—	60—61 D	60以下 E
人数	%	人数	%	人数	%	人数	%	人数	%	人数	%	人数	%	人数	%	人数	%	人数	%

课程目标	课程目标达成度分析		
	对应考题	权重（合计为1）	达成度
目标1：			
目标2：			

存在问题及原因分析	
改进措施	任课教师签字：
系意见	系主任签字：
学院意见	学院负责人签字：